武汉理工大学本科教材建设专项基金项目

电工电子实习指导书B

主　编　夏慧雯
副主编　李　雪

武汉理工大学出版社
·武　汉·

内 容 简 介

本书是电工电子实习课程的指导书，根据电工电子实践课程的要求将内容分成了基础篇、项目篇、拓展篇3部分。首先在基础篇中讲解了安全用电和实验室操作规范、常用电工电子仪表和工具的使用、电子元器件相关知识和电子产品的装配与焊接；接着在项目篇中通过2个项目培养学生的产品设计、装配和测试能力；最后在拓展篇中介绍了计算机辅助设计相关知识，并通过2个综合实践项目训练学生的动手能力，做到学以致用。

本书结构清晰、图文并茂，并配有视频讲解，适合作为高校理工科相关专业的实习指导书，也可供学生自学提高电工电子产品制作能力。

图书在版编目(CIP)数据

电工电子实习指导书. B /夏慧雯主编. —武汉:武汉理工大学出版社, 2024.1
ISBN 978-7-5629-6988-4

Ⅰ. ①电… Ⅱ. ①夏… Ⅲ. ①电工技术-高等学校-教学参考资料 ②电子技术-高等学校-教学参考资料 Ⅳ. ①TM ②TN

中国国家版本馆 CIP 数据核字(2024)第 040779 号

武汉理工大学本科教材建设专项基金项目

项目负责人:王兆国 **责 任 编 辑**:马首鳌
责 任 校 对:雷红娟 **排 版 设 计**:正风图文
出 版 发 行:武汉理工大学出版社
地　　址:武汉市洪山区珞狮路 122 号
邮　　编:430070
网　　址:http://www.wutp.com.cn
经　　销:各地新华书店
印　　刷:武汉乐生印刷有限公司
开　　本:787mm×1092mm 1/16
印　　张:9
字　　数:220 千字
版　　次:2024 年 1 月第 1 版
印　　次:2024 年 1 月第 1 次印刷
定　　价:30.00 元

凡购本书，如有缺页、倒页、脱页等印装质量问题，请向出版社发行部调换。
本社购书热线:027-87384729 87391631 87165708(传真)

前　言

电工电子实习课程是电工电子方面的综合实践课，也是理工科专业必修的一门实践性技术基础课。本课程不仅可以帮助提升学生电工电子知识掌握能力、工程应用实践能力和创新能力，而且为学生后续进一步学习专业知识和专业技能、更好地适应工作岗位打下良好的基础。

本书内容根据实践课程需求分成了三个篇章。首先是基础篇，对应第 1～5 章，内容分别为安全用电和实验室操作规范，常用电工电子仪器仪表的使用，常用电工工具的使用，常用电工电子元器件的规格型号、外观、性能参数、标识、用途、基本测试和判别方法，电子产品装配与手工焊接工艺。接着是项目篇，对应第 6、7 章，本篇注重实验操作，内容分别是电子项目——电子产品的设计、装配、焊接与测试；电工项目——家庭配电线路的设计与安装。最后是拓展篇，增加了项目的综合性，内容分别是计算机辅助设计与电子项目的拓展设计。

本书注重实践知识与能力培养相统一，真正做到提升课堂质量。其具有以下特点：

(1) 结构清晰、层层递进。基础篇为理论技能类，方便学生随时查阅；项目篇为实践操作类，重在培养动手能力；拓展篇为综合创新类，提升了项目的综合性，以适用于不同学生。

(2) 虚实结合。在实践过程中学生可先通过仿真软件对电路进行仿真设计与测试，再进行实物的制作。这样可有效加深学生对项目原理的理解，减少故障率。教师也可以根据实际情况灵活施教，以满足不同的教学需求。

(3) 项目贴合实际。本书项目皆来源于生产生活，项目在编排上也具有强弱电结合、软硬件并重、多学科交叉的特点。

(4) 直观易懂，图文并茂。本书主要面向实践教学，文中有大量实操性的内容，在编写时采用文字＋图片的形式，让学生更容易上手操作。

本书由武汉理工大学夏慧雯任主编，李雪任副主编。具体编写分工为：第 1～3 章、第 6 章和第 8 章的 8.1 节由李雪编写；第 4 章、第 5 章、第 7 章、第 8 章的 8.2 节和第 9 章由夏慧雯编写。全书由夏慧雯统稿。本书在编写过程中得到了学校各级部门的大力支持，以及电工电子实习课程组全体老师的支持，在此表示感谢！

由于编者水平有限，书中如有错误与疏漏之处，敬请各位专家、同行、读者批评指正。

编者

2023 年 9 月 14 日

目　　录

基　础　篇

项 目 篇

拓 展 篇

基础篇

第1章　电工电子实习安全操作知识

学习目标

1. 熟悉安全用电常识；
2. 熟悉基本急救措施；
3. 了解电工电子实习实验室操作要求。

安全规范

1. 安全用电，人人有责，请自觉遵守实验室安全用电规章制度；
2. 不使用工作台电源时，请保持工作台空开处于断开状态；
3. 当用电设备接入工作台电源时，请仔细检查用电设备的输入电压范围；
4. 不允许私自开启配电箱。

安全用电技术是研究如何预防用电事故及保障人身、设备安全的一门技术。在电气、电子设备的装配调试中，要使用各种工具和仪器，同时还要接触到高压电，如不掌握必要的安全用电知识，操作中缺乏足够的警惕，就可能发生人身伤害与设备损坏事故。因此，必须了解实际操作中的不安全因素及预防措施。

1.1　安全用电常识

1.1.1　基本概念

(1) 安全电压

安全电压是指使人直接致死或致残的电压。一般环境条件下允许持续接触的“安全特低电压”是 36 V。行业规定安全电压为不高于 36 V，持续接触安全电压为 24 V。

从安全角度来看，确定对人的安全条件，不用安全电流而用安全电压，因为影响电流变化的因素很多，而电力系统的电压通常是恒定的。根据生产和作业场所的特点，采用相应等级的安全电压，是防止发生触电伤亡事故的根本性措施。国家标准《安全电压》(GB3805—83)规定我国安全电压额定值的等级为 42 V、36 V、24 V、12 V 和 6 V，当电气设备采用的电压超过安全电压时，必须按规定采取防止直接接触带电体的保护措施。安全电压等级根据作业场所、操作员条件、使用方式、供电方式、线路状况等因素选用。

(2) 安全电流

触电对人体伤害的严重程度与通过人体电流的大小、时间、部位、频率等因素有关。一般来说，通过人体的电流越大、时间越长，危险性就越大；电流通过人的大脑和心脏时最危险；电流频率在 40～60 Hz 的交流电对人的危害性要比其他频率的交流电流、直流电流以及静电大。

1) 通过人体电流的大小

根据科学实验和事故分析得出不同数值的电流对人体危害的特征，确定 50～60 Hz 的交流电 10 mA 和直流电 50 mA 为人体安全电流。也就是说，人体通过的电流小于安全电流是安全的。

2) 电流通过人体的持续时间

在心脏搏动周期中，有约 0.1 s 的特定相位对电流最敏感，通电时间越长，与该特定相位重合的可能性就愈大，引起心室颤动的可能性也越大，对人体的伤害也越大。

(3) 人体电阻

通过人体的电流决定于触电时的电压和人体电阻。影响人体电阻值的因素很多，并因人而异。一般人的表皮角质层电阻约为 $1 \sim 1\times10^4$ Ω，但角质层极易破坏，皮肤潮湿、多汗均会降低人体电阻，触点时间越长，发热出汗越多，人体电阻越小。除角质层电阻外，一个正常人的电阻一般为 800～1000 Ω。

注意，绝缘电阻一般大于 5 MΩ。

1.1.2 触电类型

人体是导体，能通过电流。触电，是电击伤的俗称，通常是指人体直接触及电源，或高压电经过空气或其他导电介质传递电流通过人体时，引起的机体损伤和功能障碍。

(1) 电击

电击，是指电流通过人体内部器官，使其受到伤害。它会破坏人的心脏、呼吸及神经系统的正常工作。轻者立刻出现惊慌、呆滞、面色苍白，接触部位肌肉收缩，且有头晕、心动过速和全身乏力。重者出现昏迷、持续抽搐、心室纤维颤动、心跳和呼吸停止。绝大部分的触电死亡事故都是由电击造成的，它属于人体触电类型中较危险的一种情况。

(2) 电伤

电伤，是指电流的热效应、化学效应和机械效应对人体造成的伤害。因此电伤多见于人体表面，且常会在体表留下伤痕。电伤通常有以下几种类型：

1) 电烧伤：一般有接触灼伤和电弧灼伤两种，接触灼伤多发生在高压触电事故时通过人体皮肤的进出口处，灼伤处呈黄色或褐黑色并累及皮下组织、肌腱、肌肉、神经和血管，甚至使骨骼显碳化状态，一般治疗期较长；电弧灼伤多是由带负荷拉、合刀闸，带地线合闸时产生的强烈电弧引起的，其情况与火焰烧伤相似，会使皮肤发红、起泡，组织烧焦，并坏死。

2) 皮肤金属化：由高温电弧使周围金属熔化、蒸发并飞溅渗透到皮肤表层所形成。皮肤金属化后，表面粗糙、坚硬。根据熔化的金属不同，呈现特殊颜色，一般铅呈现灰黄色，紫铜呈现绿色，黄铜呈现蓝绿色，金属化后的皮肤一段时间后能自行脱离，不会有不良后果。此外，发生触电事故时，常常伴随高空坠落，或由于其他原因所造成的纯机械性创伤，这虽与触电有关，但不属于电流对人体的直接伤害。

3) 电烙印：它发生在人体与带电体有良好接触，但人体不被电击的情况下，在皮肤表面留下和接触带电体形状相似的肿块瘢痕，一般不会发炎或化脓。瘢痕处皮肤失去原有弹性、色泽，表皮坏死，失去知觉。

4) 机械性损伤：电流作用于人体时，由于中枢神经反射和肌肉强烈收缩等作用导致的机体组织断裂、骨折等伤害。

5) 电光眼：发生弧光放电时，由红外线、可见光、紫外线对眼睛的伤害。

1.1.3 触电形式与危害

按照人体触及带电体的方式和电流流经人体的途径，常见的触电方式可分为单相触电、两相触电、跨步电压触电、雷击触电、静电触电等。

(1) 单相触电

当人体的一部分接触到三相导线中的任意一根相线时，电流通过人体流入大地，这种触电方式称为单相触电。对于高压带电体，当人体未直接接触时，若处于安全距离以内，高压带电体能够通过电离空气对人体放电。此时造成的单相接地引发的触电也属于单相触电。

在触电的事例中，发生单相触电的情况最多，如检修带电线路和设备时，不做好防护措施或由于操作不当接触到漏电的电气设备外壳以及绝缘损坏的导线等，都会造成单相触电。

单相触电分为两种类型：

1）中性点接地的单相触电：如图 1-1(a)所示，一般我们的工作和生活场所的供电系统都是 380 V/220 V 的中性点接地系统，在中性点接地的电网中，触电时电流经过人体→大地→系统中性点接地装置，形成闭合回路。由于中性点接地装置的接地电阻比人体电阻小得多，所以此时的相电压几乎都加在人体上，使人体触电，此时的触电后果就会很严重。

2）中性点不接地的单相触电：如图 1-1(b)所示，在中性点不接地的电网中，触电时电流经过人体→大地→其他两相对地绝缘电阻(空气)，形成两条闭合回路。如果线路绝缘性能良好，且穿着橡胶底鞋等防护装备时，可能不会发生危险。反之，若线路电压较高，线路绝缘较差或者空气潮湿等，则可能会发生触电危险。

(2) 两相触电

当人体同时接触电网的两根不同相线，使得电流通过一条相线→人体→第二条相线形成闭合回路的触电方式称为两相触电，如图 1-1(c)所示。或在高压系统中，人体虽没有直接接触两相带电体，但电流仍然通过电弧放电通过人体流入另一根相线，构成闭合回路，此时也称为两相触电。

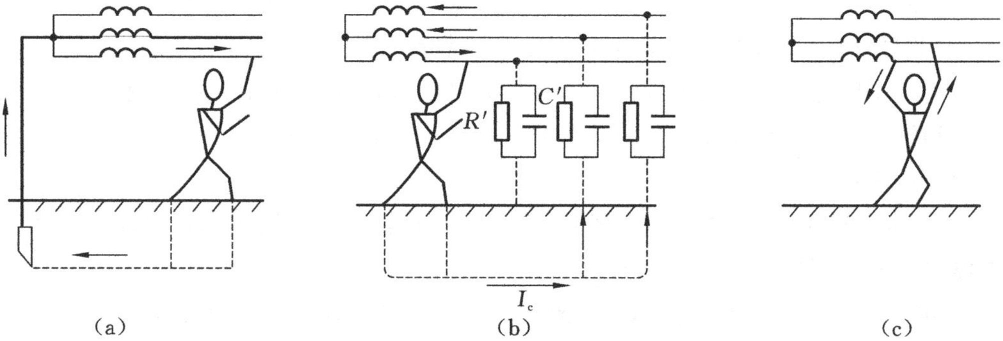

图 1-1 电力系统单相、两相触电示意图

(a)中性点接地系统单相触电；(b)中性点不接地系统单相触电；(c)两相触电

由于发生两相触电时，作用于人体上的电压等于线电压且此时的电流不经过大地，直接通过人体构成闭合回路。此时无论人体对地是否绝缘，系统中性点是否接地，都会使人触电。因此两相触电比单相触电的危险性更大。

(3) 跨步电压触电

当电气设备发生接地故障时，接地电流通过接地体向大地流散，并在地面上形成从接地点向周围扩散、逐步降低的电位分布区。若人在接地点周围行走，其两脚之间就形成了电位差。电流从一只脚流入，从另一只脚流出而造成的触电称作跨步电压触电，如图 1-2 所示。一般来说，从接地点向外的电位分布大体上是呈指数分布下降的。因此距离接地点 20 m 处基本可以认为电位为 0，处于比较安全的距离。离接地点距离越近，同等距离差的电位差越大，因此若看到有带电体绝缘损坏或架空线路断落于地面等情形时，应远离绕行。

图 1-2　跨步电压触电

(3) 雷击触电

雷击是雷雨云对地面的突出物体产生的放电现象。雷击的感应电压高达几十至几百万伏特，可造成建筑物损坏、被击物体燃烧、设备击穿、人身伤亡等，危害性极大。由于雷击落点具有不可预测性，一般通过避雷设备来预防雷击。当发生雷击时，避雷设备能将一瞬间产生的强电流引入大地来避免危害。为了防止雷电造成的危害，还需要掌握一些避雷常识：

1) 打雷时关好门窗，防止雷电直击室内或者球形雷飘入室内。

2) 雷雨交加时，切断室内家用电器的电源并拔掉插头(特别是电视和计算机)。

3) 雷雨天气不要使用喷头淋浴，防止雷电沿着水流造成触电危害(特别是太阳能热水器用户)。

4) 如图 1-3 所示，雷雨天气在户外不要接打手机，手机的电磁波会吸引雷击。也不要在高楼平台停留，不要在大树下躲避雷雨，不要进入空旷地区孤立的棚屋、岗亭等，这些地方都容易遭受雷击。

5) 若在户外看到高压线遭雷击断裂，应提高警惕，此时高压线断点附近存在跨步电压。处于附近的人此时不能跑动，应双脚并拢，跳离此处。

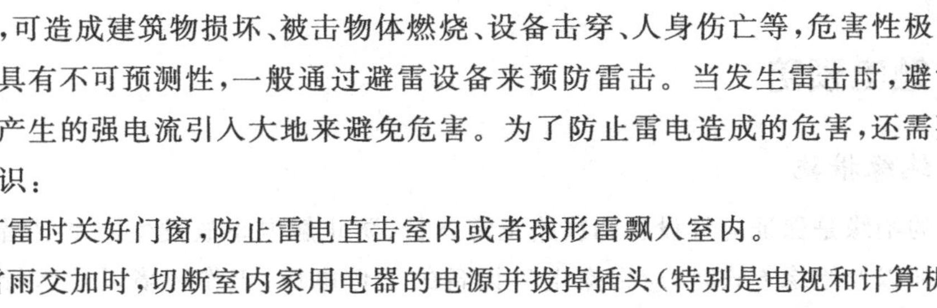

图 1-3　容易发生雷击的几种情形

(4) 静电触电

金属物体受到静电感应以及绝缘体之间通过摩擦起电造成的触电称为静电触电。静电的电压很高,有时甚至可达数万伏,而一般 3～4 kV 的静电就能让人产生电击感。但静电的能量不大,通常不至于使人产生直接的触电伤害,但静电可能会诱发心脏早搏等病症,仍需小心。静电除了对人体有影响外,对大型精密仪器的危害最大。特别是现代化仪器中大量使用了高性能、高精度的元件,这些元器件对静电的放电尤为敏感,因此必须加以防护。

静电防护室通常采用以下措施:

1) 铺设导电性地板,使电荷可以被及时导入地下;

2) 进入实验室时徒手接触金属接地装置,消除人体携带的静电;

3) 穿着防静电服、防静电鞋进入易燃易爆场所;

4) 高压带电体外围要进行屏蔽处理,防止产生感应静电;

5) 提高环境中的湿度,当相对湿度超过 65%～70%时,物体表面电阻降低,有利于静电逸散。

1.1.4 触电预防

(1) 绝缘措施

良好的绝缘是保证电气设备和线路正常运行、防止触电事故发生的重要措施。在选用绝缘材料以及绝缘方式时,应根据电气设备的工作电压、工作环境以及运行条件进行匹配。为了防止线路或设备的绝缘意外损坏而造成安全事故,可以进行双重绝缘进行加强,使线路和设备的绝缘更加牢固。

(2) 屏蔽措施

采用屏蔽保护的装置,如电器的绝缘外壳、金属网罩、变压器的遮栏等,使带电体与外界隔离开来。注意,凡是金属材质制作的屏蔽保护装置,都应妥善接地或接零。

(3) 间距措施

在带电体与地面之间、带电体与带电体之间保持一定的安全距离。安全距离取决于电压的高低、设备类型、安装方式等因素。

(4) 自动断电保护措施

在带电线路或设备上安装漏电保护、过流保护、过压或欠压保护、短路保护等自动保护设备,在触电事故发生时,能自动切断电源,起到保护作用。

1.2　安全急救常识

1.2.1　触电的现场抢救

触电救护是减少触电伤亡的有效措施，对于电气工作人员和用电人员来说，掌握触电救护的知识非常重要。当发现有人触电时，不可惊慌失措，首先应设法使触电者迅速而安全地脱离电源。根据触电现场的情况，通常采用以下几种急救方法：

(1) 就近断开电源开关，拔出插销或保险，切断电源。要注意单极开关是否装在火线上，若是开关错误地安装在零线上，则不能认为已切断电源。

(2) 用带有绝缘柄的利器，如斧头、锄、刀等工具，在电源的来电方向将电线砍断或撬断。

(3) 当触电现场远离开关或者不具备立刻关断电源的条件时，若触电者穿着比较宽松的干燥衣服，救护者可以站在干燥的木板上面，用一只手抓住触电者的衣服将其拉离电源。也可以用干燥的木棒、竹竿等将电线从触电者身上挑开，如图 1-4 所示。

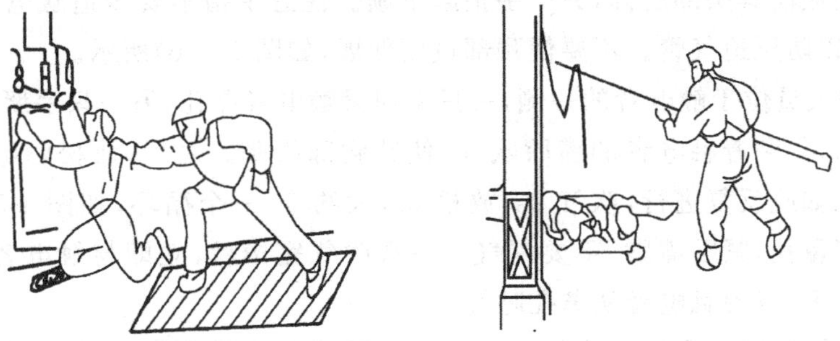

(a)　　　　　　　　(b)

图 1-4

(a)将触电者拉离电源；(b)将触电者身上电线挑开

(4) 如果触电发生在火线与大地之间，一时又无法把触电者拉离电源，可设法将触电者身体与地面隔离开，如用干燥的木板垫在触电者的身体下面，使其与地绝缘，再设法关断电源，使触电者脱离带电体。如遇到高压触电事故，还应该立即通知有关部门进行停电等处理。

(5) 触电者脱离电源之后，应根据实际情况，采取不同的后续救护方法。若触电者神智仍然清醒，但有头晕、心悸、出冷汗、恶心、呕吐等症状时，应让其静卧休息，减轻心脏负担。若触电者只是一时昏迷，可将其放在空气流通的地方安静地平卧，松开其身上的紧身衣服，摩擦全身使之发热，以利于血液循环。若触电者出现痉挛、呼吸衰弱或呼吸停止等症状时，应立即施行人工呼吸，并送医院救治。若触电者心跳停止，呼吸尚存，则应该采取胸外心脏按压法实施抢救。若触电者呼吸、心跳均已停止，则必须同时采用人工呼吸和胸外心脏按压法进行抢救。

在常温情况下，心跳停止 3 s 时会感到头晕，10～20 s 后即可发生昏厥或抽搐；60 s 后瞳孔散大，呼吸可同时停止，亦可在 30～60 s 后停止；4～6 min 后大脑细胞有可能发生不可逆损害。因此在触电者心跳停止后应立即进行有效的心肺复苏，复苏开始得越早，存活率越高。大量实践表明，4 min 内复苏者可能有一半人被救活；4～6 min 开始进行复苏者，10%可能救活；超过 6 min 开始复苏者存活率仅 4%；10 min 以上开始复苏者，存活可能性更小。

1.2.2 口对口人工呼吸法

口对口人工呼吸是效果最好、也最容易掌握的人工呼吸急救法。在畅通呼吸道、判断病人不存在呼吸后，应立即口对口人工呼吸。具体方法如下：

(1) 首先使触电者仰卧在平直的木板上，解开衣领，松开上身的紧身衣服，使胸部可以自由扩张。其次除去触电者口腔中的黏液、血液、食物、假牙等杂物。如果其舌根下陷应将其拉出，使呼吸道畅通，如图 1-5(a)所示。为了保证触电者的呼吸道通畅，可以一手置于触电者前额使其头部后仰，另一手抬起下颌。注意手指不要压迫触电者的颈部以及颌下软组织，以防压迫气管。不要使颈部过度伸展，如图 1-5(b)所示。

(2) 救护人员位于触电者的一侧，一只手捏紧触电者鼻孔，另一只手掰开其口腔。救护人深吸气后，紧贴着触电者的嘴唇吹气，使其胸部膨胀。之后，放松触电者的嘴鼻，使其自动呼气。如此反复进行，吹气 2s，放松 3s，大约 5s 一个循环，如图 1-5(c)(d)所示。吹气时要捏紧鼻孔，紧贴嘴唇，不要漏气。一次吹气完毕后，立即与触电者口部脱离，同时放松捏鼻的手，以使触电者从鼻孔呼气。

(3) 注意每次吹气量不要过大，1000 ml 可造成胃大量充气。对体弱者和儿童吹气时用力应稍轻，不可让其胸腹过度膨胀，以免肺泡破裂。当触电者开始自主呼吸时，人工呼吸应立即停止。

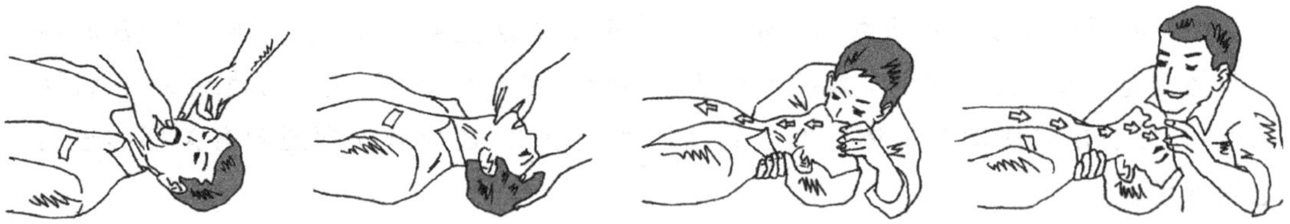

(a) (b) (c) (d)

图 1-5 口对口人工呼吸

(a)清理口腔阻塞物；(b)鼻孔朝天头后仰；(c)贴嘴吹至胸扩张；(d)放开嘴鼻好换气

1.2.3　胸外心脏按压法

胸外心脏按压法是帮助触电者恢复心跳的有效方法，用人工按压心脏的方式可以建立人工循环，促使血液在血管内继续流动，将氧气供给全身主要脏器，维持脏器功能。当确认触电者心跳停止后，应立即进行胸外按压，具体方法如下：

(1) 使触电者仰卧，姿势与进行人工呼吸时相同，但后背着地应结实。先找到正确的按压点，办法是救护者伸开手掌，中指尖抵住触电者颈部凹陷的下边缘，手掌的根部就是正确的按压点。或者寻找触电者胸骨正中间两乳头的连线处，该处为按压区域，如图 1-6 所示。

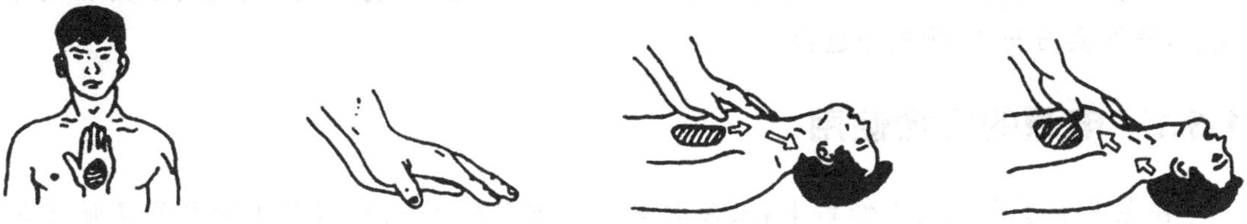

(a)　(b)　(c)　(d)

图 1-6　胸外心脏按压示意图

(2) 救护人跪在触电者两侧的地上，身体前倾，两臂伸直，两手交叠，以手掌根部着力放置在按压点进行按压。救护人需要利用上半身体重和肩、臂部肌肉力量，双臂绷直向下垂直按压，如图 1-7 所示。

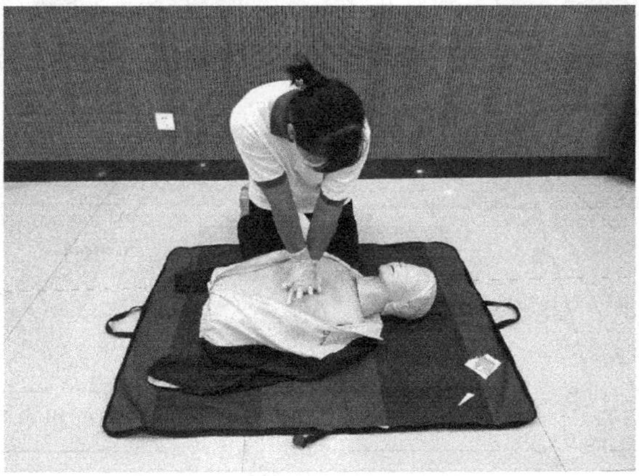

图 1-7　胸外心脏按压示例

(3) 按压用力应平稳、有规律，尽量减少按压之间的间断。按压应用力、快速，下压及向上放松的时间大致相等。按压后抬手要快，利用胸廓自身的弹性使胸腔复位。注意应使 2 次按压之间胸廓能完全弹回。成人胸部按压压陷深度为 3～5 cm，对儿童用力要轻，太快太慢或用力过轻过重，都不能取得好的效果。

(4) 注意胸外心脏按压急救非常消耗体力，为了保证急救效果，最好能有多个救护人员轮流进行按压。若触电者既没有呼吸，也没有心跳，则需要同时进行人工呼吸急救和胸外心脏按压急救。一般进行 30 次按压，2 次人工呼吸，按压频率为 100 次/min。

1.3 电工电子实习安全操作要求

在实习过程中，由于经常使用到 220 V 和 380 V 的交流电，稍有不慎就有可能发生人身伤害和设备损坏的安全事故。为此，必须严格按照要求使用实习设备、工具和仪器仪表，确保实习安全、顺利地进行。

1.3.1 电源的安全使用

在电工电子实习的工作台上，安装有 380 V 和 220 V 的空气开关以及交流输出端口，用来为实训设备提供电源。当合上空开时，插座接通电源。当拉下空开时，工位上的电源断开，如图 1-8 所示。在使用过程中，必须注意以下几个方面的安全问题：

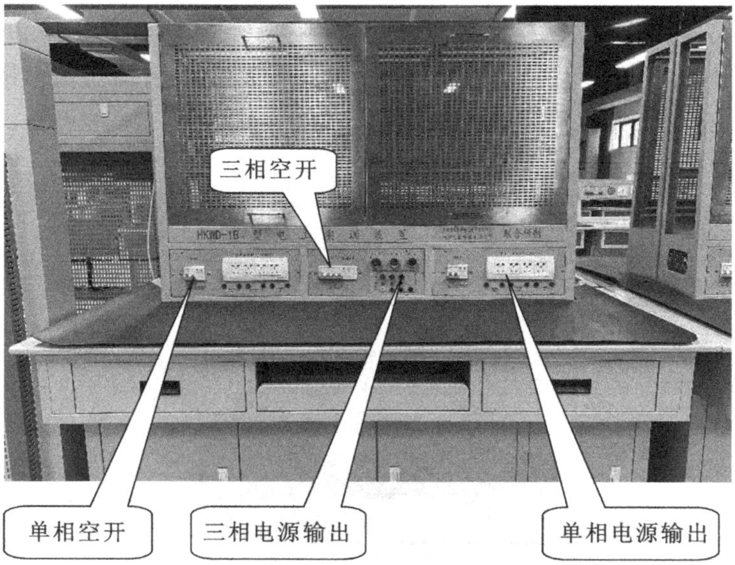

图 1-8 电工电子实训台

(1) 每个工位上的电源在不使用的状态下，一定要将空开断开，保持断电状态。若在用电过程中遇到用电事故，立即将空开拉下，切断电源。在使用三相电时，若出现紧急事故，也可立即按下红色急停按钮，切断电源。

(2) 电工电子实训台上的电源只允许连接与实习相关的工具、仪表、设备，不允许接入与实习操作无关的用电器件，如手机充电器等。

(3) 使用过程中，如发现电源插座损坏或不能正常使用的，要立刻向实验指导教师报告，由指导教师处理解决。禁止任何人擅自拆解、修理电源插座！

1.3.2　电烙铁及常用工具的安全使用

电工电子实习离不开电烙铁以及一些常用工具的使用。学会正确和安全地使用各项工具才能保证实训的顺利进行。因此，在使用各项工具的过程中，需要遵守以下基本原则：

(1) 严格按照要求使用电烙铁，暂时不使用电烙铁进行焊接操作时，电烙铁必须插入专用的烙铁架中。较长时间不使用电烙铁时，要及时关闭电源或拔下电烙铁插头，避免干烧过久损坏电烙铁。

(2) 注意电烙铁的正确使用方式，养成良好的操作习惯。烙铁头的温度很高，在操作电烙铁时不要打闹、推搡，避免烫伤自己或他人。

(3) 在使用电烙铁的过程中不要用手触摸烙铁头。

(4) 烙铁头上多余的锡不要乱甩，容易让锡飞溅，造成烫伤。

(5) 拆焊有弹性的元器件时，不要离焊点太近，并尽可能使弹出焊锡的方向向外。

(6) 插拔用电设备的电源插头时，不要抓拔电源线，要手拿插头。

(7) 使用工具时，先观察清楚再进行操作，避免盲目用力造成工具损坏或人身伤害。

(8) 各种公用工具使用完毕后要归还原位，并保证各自工作区内设备摆放整齐有序，养成良好的行为习惯，以免发生事故。

1.3.3　电子仪器、设备的安全使用

(1) 接通电源前

在初次使用设备之前，不要贸然插电，要在接入电源前进行检查：

一查电源线有无破损；

二查插头有无外漏或内部松动；

三查电源插头两极有无短路，同外壳(设备是金属外壳时)有无通路；

四查设备所需工作电压是否与供电电压相匹配。

(2) 检修、调试电气设备

任何电气设备内部未经验明无电时，一律视为有电，不准用手触及。在检测维修以及调试设备之前都需要提前了解检修对象的电气原理。工作临时中断或结束工作之前，都需要检查电源是否已断开，确保无电。每次检修、调试结束后，要清点所带的工具、零件等，以防遗漏在电气设备中造成事故。洗手后或手出汗潮湿后，不要带电作业，尽可能用单手操作。

1.4 实验室主要安全事故与一般处理办法

(1) 烫伤

在实习期间,使用电烙铁不当时,容易发生烫伤事故。常见的烫伤处理方法如下:

1) 对只有轻微红肿的轻度烫伤,先用冷水反复冲洗10分钟以上,再涂上烫伤药即可。

2) 烫伤部位已经出现小水泡的,不要弄破它,可以在用冷水冲洗后,在水泡周围涂上烫伤药,再用纱布包扎,注意松紧要适度。

3) 烫伤比较严重的,应及时就医诊治。

(2) 割伤

在实习期间,使用工具不当时,容易发生割伤事故。常见的割伤处理方法如下:

1) 伤口较小、出血不多、伤口附近皮肤比较干净、受伤手指可以自由弯曲,此时不用太担心,可以用医用碘酒消毒,等伤口擦洗干净后,用创可贴覆盖包扎伤口。伤口处忌碰水。若造成伤口的工具有铁锈,则需要及时去医院接种破伤风疫苗,对伤口进行专业处理。

2) 伤口较深,出血量大的时候,首先应用压迫法止血,然后立即就医,让专业医生医治。

强调

- 实验室工作台插座禁止插接实验设备以外的电器。
- 注意安全用电,严格遵守实验室安全用电要求和规范。
- 不需要使用工作台供电时,不要打开工作台空开。
- 每次实验课程结束后,要注意关闭个人工作台上的所有设备电源和工作台空开。

章节测试

1. 当直流电流超过________时或者交流电流超过________时,会导致生命危险。
2. 常见的触电形式有________、________、________、________、________。
3. 简述电工实训台电源安全使用的要求。
4. 简述实验室烫伤的处理办法。

第 2 章　常用仪表的使用

学习目标

1. 了解指针式万用表的使用；
2. 掌握数字式万用表的使用；
3. 了解台式万用表和示波器的使用。

安全规范

1. 严格遵守各仪表使用的注意事项；
2. 使用万用表测量前，请务必仔细检查挡位和量程；
3. 请保持单手握表笔进行测量；
4. 万用表表笔、示波器探笔在使用过程中都不要接触笔头部分，以免发生触电事故。

在电工电子实习课程中，常需要使用各种仪器仪表来对电压、电流等进行观测。而最常用的仪器仪表就是“万用表”和“示波器”。万用表是万用电表的习惯简称，是一种最常用、最普及、具有多种测量用途的电子测量仪表。无论是电器测量与元器件检测，还是电子制作与电路调试，万用表都是我们必不可少的基本装备。示波器同样是一种用途十分广泛的电子测量仪器，它比万用表更加复杂，却更加直观，能把肉眼看不见的电信号变换成看得见的图像，便于人们研究各种电现象的变化过程。学会使用万用表和示波器等常用仪器仪表，能帮助实验者更好地研究分析实验现象或者进行设备的维修调试。

2.1　指针式万用表

指针式万用表，就是采用指针作为测量指示的万用表，由表头指针的偏转指示测量结果，如图 2-1 所示。指针式万用表的电路主要由电阻组成的分压器、分流器等，通过波段开关转换测量功能。指针式万用表可以测量直流电压、交流电压、直流电流、电阻、电容、电感、晶体管等。指针式万用表的最大好处是能够直观地看到被测量的变化过程和状况，而且功能可靠。

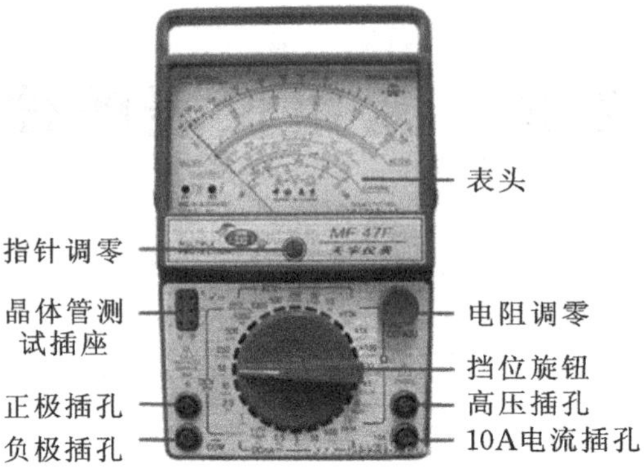

图 2-1 指针式万用表

2.1.1 指针式万用表的结构

万用表的型号很多，下面以常用的 MF47 型万用表为例进行介绍。MF47 型万用表是多量程多功能的万用电表，外形如图 2-1 所示，由表头、挡位旋钮、调零旋钮、表笔插孔、晶体管插孔等部分组成。

万用表面板上部为表头，表头的下面中间有一个机械调零旋钮，用以校准表针的机械零位。表针下面的标度盘上有多条刻度线，分别是不同功能挡位所对应的读数刻度。刻度线按照交流红色、晶体管绿色、其余黑色的规律印制，使用时不容易看错。

万用表面板中间是挡位旋钮，只需进行转动即可选择各测量功能和量程挡位，使用方便。

MF47 万用表共有 4 个表笔插孔。面板的左下角有正、负表笔插孔，一般习惯上将红表笔插入正极插孔，黑表笔插入负极插孔。面板右下角有 2500 V 高压插孔和 10 A 专用插孔(有的电压表为 5 A 插孔)，当测量 2500 V 交、直流高压电压时，正表笔应改为插入 2500 V 插孔；当测量 10 A 直流电流时，正表笔应改为插入 10 A 插孔。

面板中间右侧有电阻调零旋钮，用于校准欧姆挡的零位。面板中间左侧是晶体管插孔，插孔左边标注为“N”，检测 NPN 型晶体管时插入此孔。插孔右边标注为“P”，检测 PNP 型晶体管时插入此孔，如图 2-2 所示。

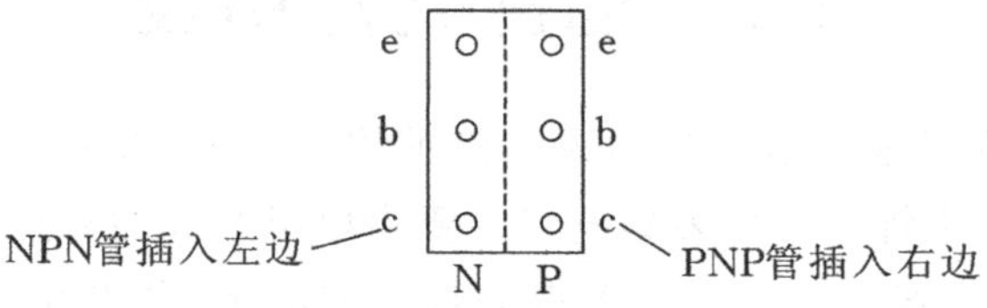

图 2-2 晶体管插孔

2.1.2　指针式万用表的功能

MF47 型万用表量程齐全，共具有 8 大类测量功能，包括测量直流电流、直流电压、交流电压、电阻以及测量音频电平、电容、电感、晶体管直流参数。万用表常用项目显示及其含义见表 2-1。

表 2-1　万用表常用项目显示及意义

字母与符号	意义	备注	字母与符号	意义	备注
ACA	交流电流挡	用 A～表示	Cx	待测电容插孔	—
DCA	直流电流挡	用 A—表示	hFE	三极管放大倍数测量挡	用 β 表示
DCV	直流电压挡	用 V—表示	Hz	频率挡	—
ACV	交流电压挡	用 V～表示	com	公共端	黑表笔插孔
Ω	电阻挡	—	—▷|— •))	二极管测量、通断测量挡	测量电阻小于 20 Ω 时，蜂鸣器响

2.1.3　指针式万用表的使用

（1）准备工作

1）由于电阻挡必须使用直流电源，因此，使用前应给万用表装上电池。一般万用表的电池盒设计在表背面，如图 2-3 所示为 MF47 万用表背面的电池盒。打开电池盒盖后，可见两个电池仓。左边是低压电池仓，装入一枚 1.5 V 电池。右边是高压电池仓，装入一枚 9 V 电池。

2）接下来根据测量需要，将表笔插入万用表插孔中，一般将红笔插入“＋”插孔，黑笔插入“－”或者“com”插孔。测量带电体时要用单手像拿筷子一样握住两支表笔，手指不能触及表笔的金属部分和被测元器件，如图 2-4 所示。若双手操作，一旦触及带电部分，就会在两手指间形成电压而产生电流，使人触电。

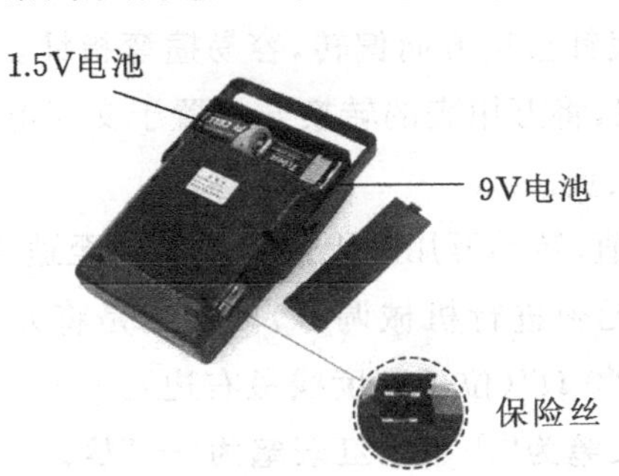

图 2-3　指针式万用表背面

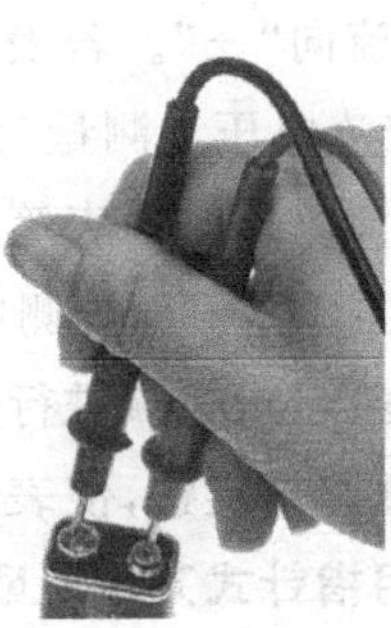

图 2-4　握表笔方式

3）万用表在使用之前，还应检查表针是否指在机械零位上。即水平放置万用表，表针在静止时，是否准确指在刻度线最左侧的“0”位上。如表针指示不在“0”位上，应用小螺丝刀缓慢旋转表头下方的指针调零旋钮，调节表针的静止位置，使其准确指向“0”位。

4）将挡位旋钮旋转至 R×1k 挡，把红、黑表笔短接，旋转表面右侧中间的欧姆调零旋钮，若进行欧姆挡调零后，万用表指针不能偏转到刻度线右端的“0”位，说明电压不足，需更换 1.5 V 电池。

5）将挡位旋钮旋转至 R×10k 挡，把红、黑表笔短接，旋转表面右侧中间的欧姆调零旋钮，若进行欧姆挡调零后，万用表指针不能偏转到刻度线右端的“0”位，说明电压不足，需更换 9 V 电池。

6）在读数时应注意，尽量使表针偏转角度大一些，使表针指在刻度线的中间或偏右的位置。万用表表针偏转角度较大时测量精度较高，特别是电阻、电容、电感、电平等非线性刻度线，中间及偏右位置较准确。读数时，眼睛应垂直于万用表的表面。若视线不垂直，将会产生视差，使得读数出现误差。为了消除视差，有些万用表在表面的刻度盘上装有弧形反光镜。读数时，应移动视线使得表针与反光镜中的表针镜像重合，此时的读数无视差。

（2）测量

使用指针式万用表进行测量时，首先应根据测量对象选择相应的挡位，然后估计测量对象的大小，选择合适的量程。如果无法估计测量对象的大小，则应先选择该挡位的最大量程，然后逐步减小，直至能够准确读数。注意，禁止在通电测量状态下转换量程旋钮，以免产生电弧损坏万用表。

1）测量直流电流时，将万用表的转换开关置于直流电流挡。必须先断开电路，然后按照电流从“+”到“−”的方向，将万用表串入被测电路中，使得电流从红表笔流入，黑表笔流出。如果误将万用表与负载并联，则由于表头内阻很小，会造成短路而烧毁仪表。当万用表的连接与量程选择都设置完成后，再接通电路进行读数。

2）测量直流电压时，将万用表的转换开关置于直流电压挡。万用表需要并联在被测元件两端，且“+”表笔（红表笔）应接到高电位处，“−”表笔（黑表笔）应接到低电位处，即让电流从“+”流向“−”。若表笔反接，则表针会反方向偏转，容易撞弯指针。

3）测量交流电压与测量直流电压相似，将万用表的转换开关置于交流电压挡。不同之处是测量交流电压时两表笔可以不分正、负。

4）测量电阻时，根据被测电阻的估计值，转动万用表上的挡位旋钮至适当的“Ω”挡。注意，每次改变挡位，必须进行欧姆调零（无须进行机械调零）。方法是将万用表两表笔短接，调节欧姆调零旋钮，使表针准确指向“0 Ω”（位于刻度线最右边）。

注意：使用指针式万用表欧姆挡时黑表笔为“+”极，红表笔为“−”极。

测量独立的元器件时，可以将万用表的两表笔分别接在被测元器件的两端。测量在电路中的元器件时，需要将电路断电测量，必要的时候，被测器件需要从电路板上焊开，然后再进行测量。否则，由于电路和其他元件的影响，测得的电阻值误差将很大。因为测量电阻时，万用表由内部电池供电，如果带电测量则相当于接入一个额外的电源，可能会损坏表头。

5）测量电容时，常用电阻挡来对电容进行充放电测试，以判别电容的好坏。首先按照估计值选择好合适的量程挡位，调好零位。每次重新测量之前，需要对电容放电之后再进行测试。

注意：此时黑表笔需要接电容正极，红表笔接电容负极。

注意观察指针的偏转，若表针向右偏转后，指针逐渐回到无穷大，则说明电容正常；若电阻值为0，则说明电容短路或内部击穿；若电阻值无穷大，则说明电容内部开路。

6）用指针式万用表测量二极管好坏时选用R×1k挡。首先用黑表笔接二极管正极，红表笔接负极，此时指针应能大幅度偏转，代表二极管正向导通。再用黑表笔接二极管负极，红表笔接正极，此时指针应不偏转，即代表二极管反向不导通，二极管阻值无穷大。

7）晶体管直流参数较常用的是晶体管直流放大倍数β。若万用表有“hFE ADJ”挡位，应该首先将挡位旋钮调整至“ADJ”校准挡，将两表笔短接以后调节欧姆调零旋钮，使得表针指向hFE刻度线的最右侧刻度处。

分开两表笔，调整挡位旋钮至“hFE”挡位，然后按照晶体管的类型和引脚选择合适的插孔插入元件。此时万用表表针所指示的读数即为晶体管直流放大倍数β值。

（3）正确读数

1）进行电流、电压测量时，应使万用表指针指示在满偏的2/3以上。

实际值＝指示值×量程/满偏

2）进行电阻测量时，应使万用表指示在标尺的几何中心线附近，否则应该改变测量量程。

（4）注意事项

1）在测电流、电压时，不能带电转换量程。

2）选择量程时，要先选大的，后选小的，尽量使被测值接近于量程。

3）测量时尽量单手操作。

4）测电阻时，不能带电测量。因为测量电阻时，万用表由内部电池供电，如果带电测量则相当于接入一个额外的电源，可能损坏表头。指针式万用表黑表笔为“＋”极，红表笔为“－”极。

5）注意在欧姆表改换量程时，需要进行欧姆调零，无须机械调零。

6）万用表用完后，应使转换开关在交流电压最大挡位或空挡上。

7）万用表长时间不用，应将电池取下。

2.2 数字万用表

数字式万用表就是采用数字显示屏作为测量指示的万用表，简称数字万用表，如图 2-5 所示。数字万用表最明显的特征是其表面上有一个液晶显示屏，由显示屏上的字符显示测量结果。

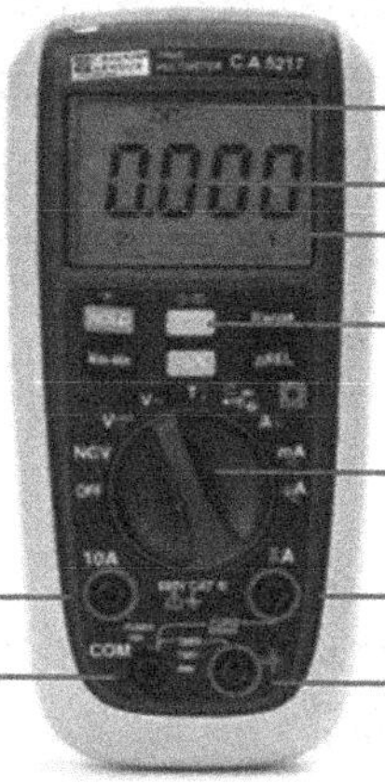

图 2-5 数字万用表示意图

数字式万用表是把连续的被测模拟电参量自动变成断续的，用数字编码方式并以十进制数字显示测量结果的一种电测量仪表，它把电子技术、计算机技术、自动化技术的成果与精密电测量技术紧密地结合在一起。数字式万用表具有输入阻抗高、误差小、读数直观的优点，一般用于测量不变的电流、电压值等。

2.2.1 数字式万用表的结构

数字式万用表种类很多，但面板设置大多相同，以图 2-5 所示的 CA5217 型数字万用表为例，面板从上到下由四个部分构成：显示屏、功能按钮、功能旋钮、测试表笔插孔。

本节以 CA5217 型数字万用表为例进行介绍。数字式万用表最上部为显示屏，用于显示各种测量数据。显示屏下方是功能按钮区域，常用的是中间黄色的“电源开关/切换按钮”，用于打开万用表，或者切换功能用。表面中间的功能旋钮用于选择不同的测量功能，由于数字万用表相对于指针式万用表更智能化，所以基本不需要人工调整测量量程，因此功能旋钮更加直观简洁。表面最下方有几个不同的输入插孔，常用的是“com”(也叫公共端)插孔和“＋”插孔，通常将红表笔插入“＋”插孔，黑表笔插入“com”插孔进行测量。在少数情况下测量时，需要更换表笔的插孔。

数字万用表采用数字电压表作为基本测量显示部件，属于电压型测量。而传统的指针式万用表采用微安表作为基本测量显示部件，属于电流型测量。

2.2.2 数字式万用表的功能

CA5217 型万用表量程齐全，具有多种测量功能，包括测量交直流电流、交直流电压、温度、通断、电阻、二极管、电容、频率、最大最小值等。数字万用表的具体测量功能只需要参照功能按钮/旋钮上标注的功能进行选取即可。各功能按钮/旋钮作用如表 2-2 所示。

表 2-2 CA5217 数字万用表功能按钮/旋钮作用

按钮/旋钮	功能
蓝色“HOLD”按钮	1）按此功能，仪表当前所测数值保持在液晶显示器上，显示器出现“hold”符号。再按一次，退出保持状态。 2）长按打开显示屏背景灯，再次长按关闭背景灯
黄色按钮	1）关机状态按此按钮开机。 2）开机状态按此按钮可在某多功能挡位内进行功能切换
“Range”按钮	选择自动量程或手动量程工作方式。 1）仪表起始为自动量程状态，显示“auto”符号。按此功能转为手动设置量程，按一次增加一挡，由低到高依次循环。 2）长按回到自动量程状态
“Max-Min”按钮	1）按此功能进入 max 模式，仪表将保持当前最大测量值；再按一下此键则进入 min 模式，仪表将保持当前最小测量值；再按该键又重复以上循环。 2）长按退出 max/min 模式
“ Hz/%”按钮	测量频率和占空比
“ΔREL”按钮	按下此功能，读数清零，进入相对值测量，显示器出现“Δrel”符号；再按一次，退出相对值测量
“OFF”旋钮	旋转至此挡位关机
“NCV”旋钮	感应测电笔功能，旋转至此挡位可以用来检测感应交流电强弱，通常用于检查线路断点。 使用此挡位时，不用红黑表笔。将万用表的 NCV 感应口对准测量点位即可。感应到交流电时，万用表发出鸣叫、红灯闪烁；未感应到交流电时，万用表显示“EF”符号
V LowZ 旋钮	低阻抗交流电压测量。 大型容性用电设备断电后会存在残余电压，一般万用表因输入阻抗太高无法识别残余电压而产生误判或导致安全隐患。使用带有低阻抗输入的万用表可以有效对残余电压进行放电，并准确判断是否有残余电压存在

续表2-2

按钮/旋钮	功能
V⁓旋钮	交流/直流 电压测量挡位。 默认初始为测量“AC”交流电压功能。使用黄色按钮可切换至测量“DC”直流电压功能
T℃/℉旋钮	温度测量挡位。 默认初始为测量摄氏度℃功能。使用黄色按钮可切换至测量华氏温度℉功能
Ω ➜ •))) ⊣⊢旋钮	电阻/蜂鸣/二极管/电容挡多功能挡位。 1）默认初始为蜂鸣挡•)))。 2）使用黄色按钮可切换至电阻挡 Ω。 3）使用黄色按钮可再切换至二极管挡➜。 4）使用黄色按钮可再切换至电容挡⊣⊢
A⁓旋钮	交流/直流 电流测量挡位。 默认初始为“DC”直流电流功能。使用黄色按钮可切换至测量“AC”交流电流功能
mA⁓旋钮	mA 级交流/直流 电流测量挡位。 默认初始为“DC”直流电流功能。使用黄色按钮可切换至测量“AC”交流电流功能
μA⁓旋钮	μA 级交流/直流 电流测量挡位。 默认初始为“DC”直流电流功能。使用黄色按钮可切换至测量“AC”交流电流功能。

2.2.3 数字式万用表的使用

（1）准备工作

1）由于数字万用表必须有电池才能工作，因此，使用前应给万用表装上电池。

2）接下来将表笔插入万用表插孔中，一般将红笔插入“＋”插孔，黑笔插入“－”或者“com”插孔。测量时同指针万用表测量要求一致，用单手测量。

3）旋转功能旋钮或按压黄色的电源按钮，启动数字万用表。

4）将功能旋钮旋转至所需的功能挡位进行测量。若要测量交、直流电流，则应将红表笔改插入 mA 或 10 A 端口。若万用表没有保险丝保护，则使用 10 A 量程时，测量时间不能超过 15 s。

(2) 测量

1) 交直流电压的测量：将万用表的红表笔插入“+”端，黑表笔插入“com”端，根据需要测量的项目类型选择好 DC 或 AC 功能，并联负载，读出表上的数据。

测量直流电压时，红表笔应接在电路“+”极，黑表笔应接在电路“−”极。若表笔接反，显示屏会显示负的测量数据，而不会立即损坏电表。这是指针式万用表无法比拟的一个优点，特别是在被测电压、电流极性不清楚的情况下，给测量工作提供了很大方便。测量交流电压时，表笔不分正负。

2) 交直流电流的测量：将万用表的红表笔插入“10A”或“ mA”的端口，黑表笔插入“com”端，根据需要测量的项目类型选择 DC 或 AC 功能，断开被测线路，将数字万用表串联至被测线路中，读出表上的数据。若万用表没有保险丝的保护，在使用“10A”量程时，测量时间不能超过 15 秒。

3) 电阻的测量：将万用表的红表笔插入“+”端，黑表笔插入“com”端，旋转功能旋钮至电阻挡位，红表笔测量元件正极，黑表笔测量元件负极，读出表上的数据。

注意在测量电阻时，当功能旋钮旋转至欧姆挡后，数字万用表默认先处于蜂鸣挡功能，显示屏上有蜂鸣图标。可以通过按压黄色功能切换按钮手动切换至电阻测量功能量程。

测量独立的元器件时，可以将万用表的两表笔分别接在被测元器件的两端。测量在电路中的元器件时，需要将电路断电测量，必要的时候，被测器件需要从电路板上焊开，然后再进行测量。否则，由于电路和其他元件的影响，测得的电阻值误差将很大。

4) 蜂鸣挡的使用：将万用表的红表笔插入“+”端，黑表笔插入“com”端，旋转功能旋钮至蜂鸣挡位，若红黑表笔之间电阻很小，蜂鸣器鸣叫，显示屏上会显示表笔之间的电阻值。若红黑表笔之间电阻较大，则蜂鸣器不鸣叫。通常使用蜂鸣挡对电路的通断特性进行测量。

5) 二极管的测量：将万用表的红表笔插入“+”端，黑表笔插入“com”端，旋转功能旋钮至二极管挡位，红表笔测量元件正极，黑表笔测量元件负极，读出表上的数据。这里正向测试二极管显示的是二极管的正向压降，反向则显示“1.”。

6) 三极管的测量：CA5217 型数字万用表没有三极管专用挡位，可用二极管挡位依次测量三极管“eb”“bc”的正向压降。

7) 电容的测量：将万用表的红表笔插入“+”端，黑表笔插入“com”端，旋转功能旋钮至电容挡位。测量之前先将电容短接放电，以确保万用表的使用安全。红表笔测量元件正极，黑表笔测量元件负极，读出表上的数据。

8) 温度的测量：不需要使用表笔。旋转功能旋钮至温度挡位，读出表上的数据。

9) 感应电压的检测：不需要使用表笔，旋转功能旋钮至“NCV”挡位，将 NCV 探头端移动至检测点位，观察电表的显示状态。若感应到交流电时，万用表发出鸣叫，显示屏上显示信号强度，红灯闪烁；未感应到交流电时，万用表显示“EF”符号。

(3) 正确读数

数字万用表的读数会直接显示在显示屏上，注意记录单位。在读取数字万用表数据时，由于万用表的计算有一定延迟，需要等示数稳定再行读数。

(4) 注意事项

1) 禁止带电更换量程，以防产生电弧，损坏电表。

2) 当万用表电池电量不足时，显示屏上会有低电量提示。应及时更换电池，以防数据不准。

3) 当测量完成，短时间不使用万用表时，应将功能旋钮旋转至“OFF”挡，手动关闭电源。

2.3 台式万用表

台式万用表是一种高精度的万用表，体积比常见的手持式万用表更大。台式万用表相对于手持式万用表：精度更高，功能更丰富，可测量的数据类型更多，拥有更丰富的通信接口，可以方便地与计算机或其他仪器通信。本节将以 SDM3055 系列台式万用表为例进行介绍。

2.3.1 台式万用表的结构

台式万用表的前、后面板分别如图 2-6、图 2-7 所示，显示界面功能如图 2-8 所示。

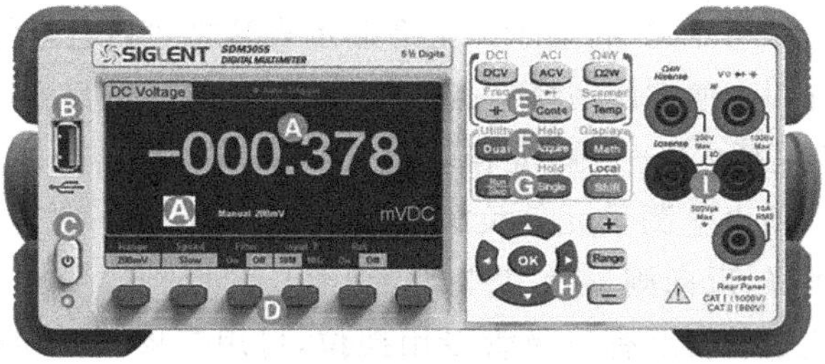

图 2-6 SDM3055 系列台式万用表前面板示意图

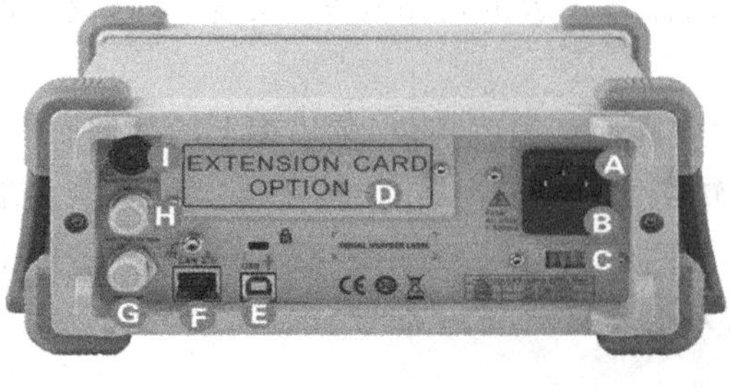

图 2-7 SDM3055 系列台式万用表后面板示意图

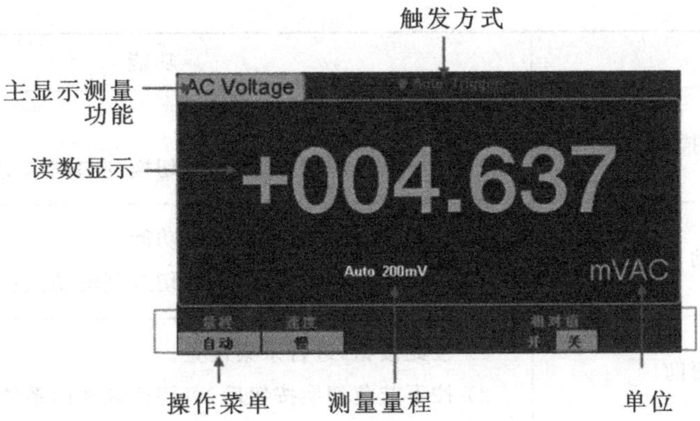

图 2-8 台式万用表显示界面

2.3.2 台式万用表的功能

SDM3055 型万用表量程齐全，具有多种测量功能，包括测量交直流电流、交直流电压、二线/四线电阻、通断、电阻、二极管、电容、频率/周期、最大最小值、温度等。台式万用表的具体测量功能只需要参照功能按钮上标注的功能进行选取即可。各功能按钮/旋钮作用如表 2-3 所示。

表 2-3 SDM3055 台式万用表功能按钮作用

按钮	功能
 蓝色功能切换按钮	按下按键，可切换至当前功能按钮的第二功能
 测量直流电按钮	1）按此功能，测量直流电压。最大可测量 1000 V。 2）按下蓝色切换按钮后，可切换到测量直流电流
 测量交流电按钮	1）按此功能，测量交流电压。 2）按下蓝色切换按钮后，可切换到测量交流电流
 测量电阻按钮	1）按此功能，测量二线电阻。 2）按下蓝色切换按钮后，可切换到测量四线电阻
 测量频率/电容按钮	1）按此功能，测量电容。 2）按下蓝色切换按钮后，可切换到测量频率
 测量通断性/二极管按钮	1）按此功能，为蜂鸣挡功能。 2）按下蓝色切换按钮后，可切换到测量二极管

续表2-3

按钮	功能
 测量温度/扫描卡按钮	1）按此功能，测量温度。 2）按下蓝色切换按钮后，可切换到扫描卡功能
 系统显示辅助功能	1）按此按钮，变换为双显示功能。 2）按下蓝色切换按钮后，可切换到辅助系统功能
 采集设置和帮助	1）按此按钮，进行采集设置。 2）按下蓝色切换按钮后，可切换到帮助系统
 数学运算和显示设置	1）按此按钮，进行数学运算。 2）按下蓝色切换按钮后，可切换到显示设置
 “跑/停”按钮	按此按钮，自动触发/停止
 单次触发/HOLD 按钮	1）按此按钮，进行单次触发。 2）按下蓝色切换按钮后，可切换到数据保持功能
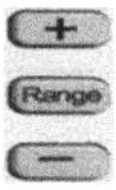 选择量程	万用表可根据输入信号自动选择量程，也可通过按钮手动设置量程。 1）“＋”/“－”按钮可手动增减量程，此时禁用自动量程。 2）“Range”按钮可在自动量程和手动量程之间切换。 注意：自动量程不适用于最大 12 A 的电流测量，如果信号应用到 A 端子，需要手动选择量程

2.3.3 台式万用表的使用

（1）准备工作

1）根据所在地电源标准调整仪器背面的交流电压选择器为“110”（100～120 V，45～440 Hz）或“220”（200～240 V，45～60 Hz，AC）。

2）将设备的电源线连接仪器至交流电中。

3）观察到前面板的电源指示灯缓慢闪烁。

4）按下前面板的电源键，等待数秒后，仪器开机并能显示画面。

（2）测量

1）测量电压：正确地插入测量表笔，如图 2-9 所示，红色测量正极、黑色测量负极，并联在负载两侧。选择正确的测量功能按钮，选择合适的量程并进行测量，读取测量值。

2）测量二线电阻、电容、频率周期、连通性、二极管、温度：正确地插入测量表笔，如图2-9所示，红色测量正极、黑色测量负极。选择正确的测量功能按钮，选择合适的量程并进行测量，读取测量值。

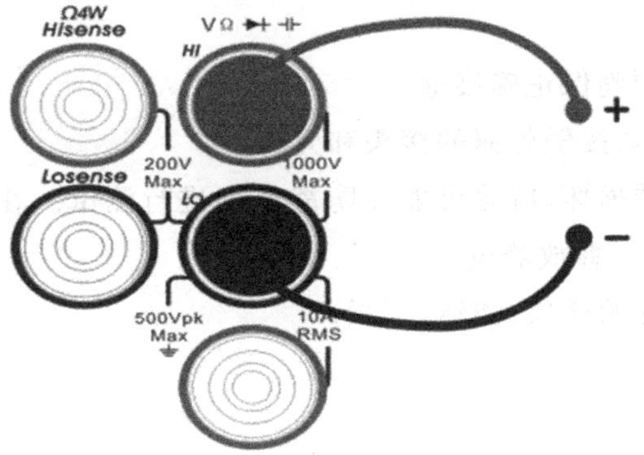

图2-9　测量电压时表笔连接示意图

注意测量电容前，每次都要用测试引线将电解电容的两个引脚短接一下进行放电，然后才可以测量。

注意测量电路通断、二极管前，先断开电路电源并将所有高压电容器放电，以免损坏万用表。

3）测量电流：正确地插入测量表笔，如图2-10所示，红色测量正极、黑色测量负极，串联进电路中。选择正确的测量功能按钮，选择合适的量程并进行测量，读取测量值。

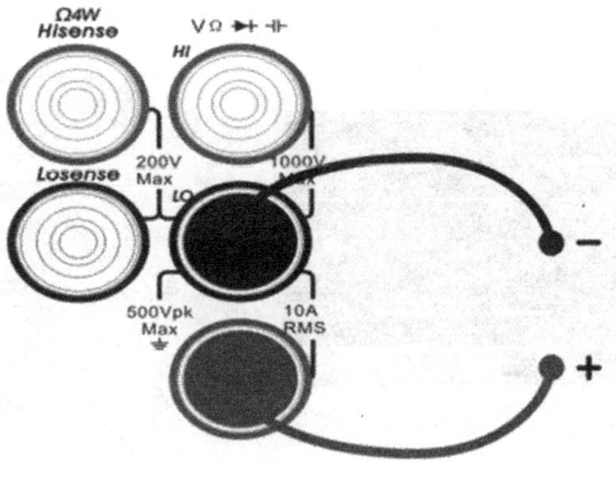

图2-10　测量电流时表笔连接示意图

（3）正确读数

1）台式万用表的数据可直接从显示屏上读出，注意单位。

2）按下【相对值】可打开或关闭相对运算功能，相对运算打开时，显示的读数为实际测量值减去所设定的相对值。

3）可通过“数字”“条形图”“趋势图”和“直方图”四种方式，对所测量的历史数据进行查看。

4）可通过“Math”按键进行数学运算。

（4）注意事项

1）台式万用表必须确保正确接地。

2）电源接通后，请勿接触外露的接头和元件。

3）静电会造成仪器损坏，应尽可能在防静电区进行测试。在连接电缆到仪器前，应将其内外导体短暂接地以释放静电。

4）使用时保持良好的通风、清洁、干燥。

2.4 示 波 器

示波器是一种用途十分广泛的电子测量仪器。利用示波器能观察各种不同信号幅度随时间变化的波形曲线，还可以用它测试各种不同的电量，如电压、电流、频率、相位差、调幅度等等。本节以 OWON SDS5032E 型号的台式示波器为例，进行简单的介绍。

2.4.1 示波器的结构

OWON SDS5032E 示波器正面、侧面和背面结构如图 2-11～图 2-13 所示。

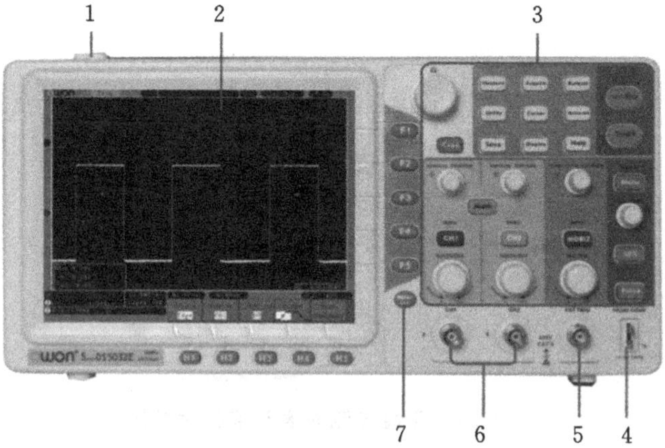

图 2-11 示波器正面结构

1—电源开/关；2—显示区域；3—控制面板；4—探头补偿；5—外触发输入通道；6—信号输入通道；7—菜单

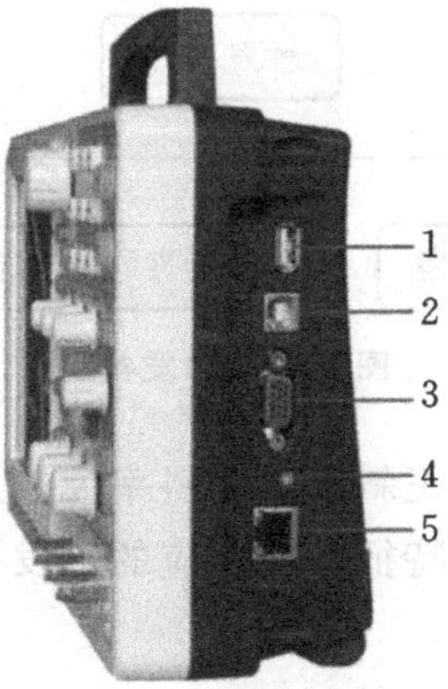

图 2-12　示波器侧面结构

1—USB 存储接口；2—USB 设备接口；3—COM/VGA 接口；4—MCX 接口；5—LAN 接口

图 2-13　示波器背面结构

1—把手；2—通风口；3—AC 电源输入插口；4—保险；5—支腿

2.4.2　示波器的功能

（1）示波器的触发功能和自动功能

当示波器处于自动设置的状态时，会实时、动态地显示出所测的信号，这种功能是我们最常用的一种模式，但是这种模式不利于捕捉一些瞬间的信号和高速、高频信号。而示波器的触发功能能够弥补自动功能的一些缺陷，可以通过手动设置，选择不同的触发类型。常见的触发类型如图 2-14 所示。

1）边沿触发方式是指电平从高到低跳变或从低到高跳变时发生触发，也称为上升沿触发或下降沿触发。

2）交替触发主要用于实现同一示波器的不同通道同时测量不同频率。

3）脉宽触发根据设置的脉冲宽度条件来确定触发。

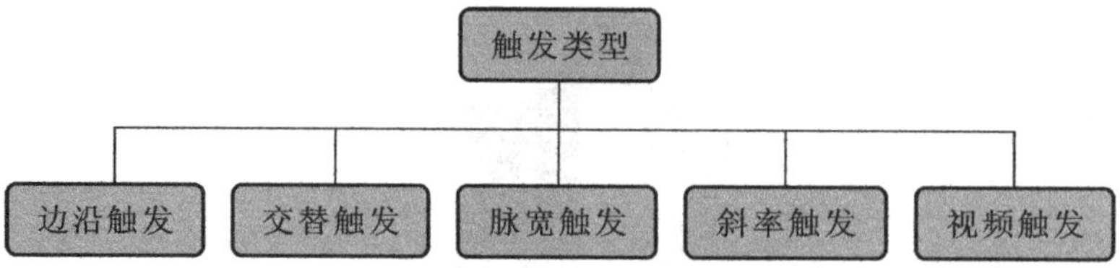

图 2-14 触发类型

4）斜率触发以对指定时间的正斜率或负斜率为触发条件。

5）视频触发根据视频信号的特征设定相应的触发条件。

(2) 示波器的 FFT 功能

示波器的傅里叶功能可以将电信号转换成频谱信号，尤其是在没有频谱仪的情况下，它对于工程师有很大的帮助。

(3) 示波器的光标测量功能

示波器除了可以观察波形以外，还可以使用“游标”，打开测量用光标进行手动测量。示波器也可以通过自动测量功能，自动读出波形的频率、峰峰值等多项常用波形测量结果，如图 2-15 所示。

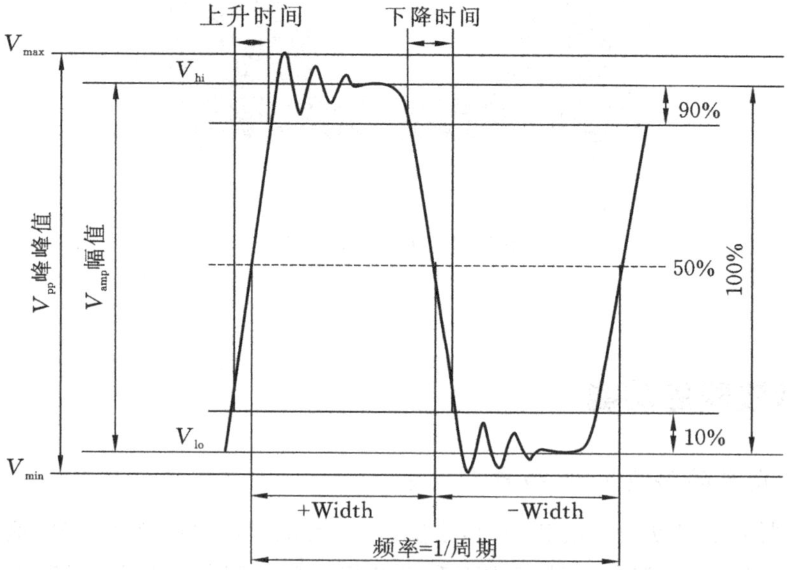

图 2-15 常见测量名词含义

峰峰值(V_{pp})：波形最高点波峰至最低点的电压值。最大值(V_{max})：波形最高点至 GND(地)的电压值。最小值(V_{min})：波形最低点至 GND(地)的电压值。幅值(V_{amp})：波形顶端至底端的电压值。上升时间(Rise Time)：波形幅度从 10%上升至 90%所经历的时间。下降时间(FallTime)：波形幅度从 90%下降至 10%所经历的时间。正脉宽(+Width)：正脉冲在 50%幅度时的脉冲宽度。负脉宽(—Width)：负脉冲在 50%幅度时的脉冲宽度。

(4) 示波器的波形存储功能

示波器可以通过存储功能，将测量的波形、计算数据等结果存储在示波器本机内，也可以通过外接 USB 存储设备将图片和数据导出。

2.4.3 示波器的使用

（1）测量探头

示波器的测量探头有衰减挡位，大部分分为四个挡：1X、10X、100X、1000X。衰减的主要作用是通过导体对电流、电压的阻碍作用，使电信号的幅度缩小，以方便测量，如图 2-16 所示。

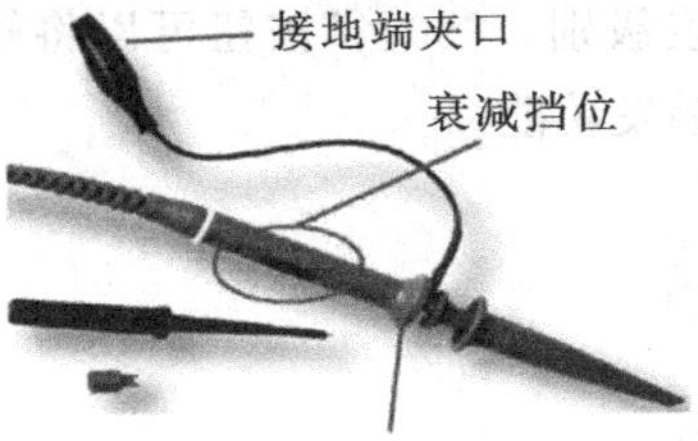

图 2-16　测量探头

1）为了防止发生触电事故，在使用示波器探头时，手要抓在探笔的后方，不要超过图 2-16 所示的凸起处。

2）当探头接触带电体时，不要用手触摸探笔金属部位。

3）在测量开始之前，一定要将探笔的接地端切实地接地，否则仪器相对于大地会产生电位差，容易给仪器操作人员、示波器、被测电子设备带来严重安全危险。

（2）垂直设置

在观察示波器波形时，经常用到垂直设置，如图 2-17 所示。图中左侧“CH1”为对通道 1 输入波形的垂直方向设置，“CH2”为对通道 2 输入波形在垂直方向的设置。其中，上方的旋钮用于调整波形在垂直方向的位置；下方的旋钮用于调节波形在垂直方向的显示比例；中间的按钮用于打开更多的设置菜单。

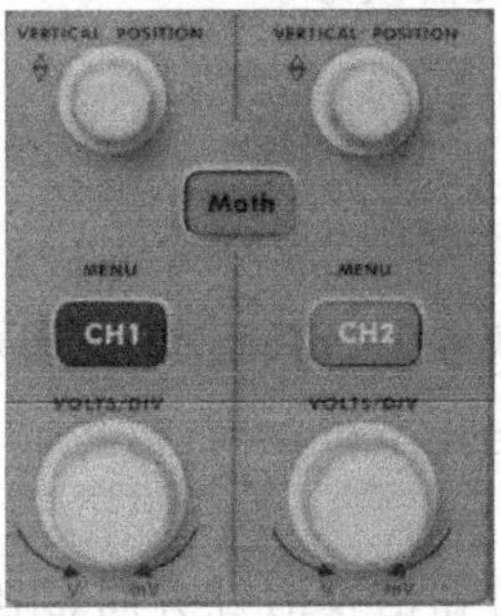

图 2-17　垂直设置面板

(3) 水平设置

在观察示波器波形时,也经常用到水平设置,如图 2-18 所示。图中上方的旋钮用于调整波形在水平方向的位置,下方的旋钮用于调节波形在水平向的显示比例,中间的按钮用于打开更多的设置菜单。

(4) 触发设置

触发设置也是示波器中使用非常多的一部分,触发设置面板如图 2-19 所示。面板上方第一个触发菜单可以打开设置界面,用于选取不同的触发方式和参数。旋转面板第二个触发等级旋钮,可以调节触发级别。“50%”按钮可以将触发等级设置成触发信号幅值的一半。“Force”按钮为强制触发功能。

图 2-18 水平设置面板

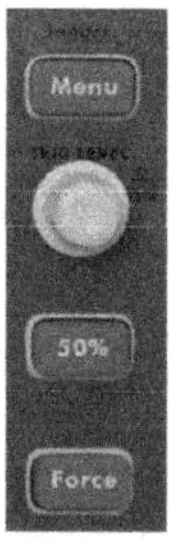

图 2-19 触发设置面板

(5) 自动测量

通过按“Measure”按钮来打开自动测试的设置菜单。示波器能提供二十多种自动测量值,包括周期、频率、期望、峰峰值等。示波器可以在每个通道上同时测量以上多种数据。

(6) 自动定标

“Autoscale”按钮是自动定标功能,该功能非常实用。该功能可根据信号幅值、频率自动设置触发模式、电压显示比例尺、时间显示比例尺。对于一般常见的波形测量,经常使用自动定标功能来快速设置示波器波形。

2.4.4 其他注意事项

(1) 示波器要避免频繁开机、关机。

(2) 如果发现波形受外界干扰明显,可将示波器外壳接地。

(3) 星形输入(“Y 输入”)的电压不可太高,以免损坏仪器,在最大衰减时也不能超过 400 V。

(4) 关机前应先将辉度调节旋钮沿逆时针方向转到底,使亮度减到最小,然后再断开电源开关。调节显示屏上的亮斑时,亮度要适中。

强调

• 指针式万用表使用完毕后要将挡位旋钮旋转至交流电压最大挡或空挡上。

• 数字式万用表使用完毕后要将功能旋钮旋转至“OFF”挡。

• 万用表禁止带电更换量程和测量功能，防止产生电弧损伤电表。

• 指针式万用表测量极性电容和二极管时，黑表笔接在元器件正极引脚处为正方向。数字式万用表测量极性电容和二极管时，红表笔接在元器件正极引脚处为正方向。

• 万用表表笔、示波器探笔在使用过程中都不要接触笔头部分，防止发生触电事故。

章节测试

1. 指针式万用表使用完毕以后应使转换开关放在________上。
2. 指针式万用表测量电阻时每一次转换挡位都必须重新________。
3. CA5217 型数字万用表正中间的黄色按钮是________。
4. 使用 CA5217 型数字万用表测量峰峰值要按下________。
5. 如何使用 CA5217 型数字万用表测量线路导通？

第3章　常见电工工具的使用

学习目标

1. 掌握常用电工工具的使用方法；
2. 牢记电烙铁的使用注意事项。

安全规范

1. 使用实验室工具时，请严格按照操作规范使用；
2. 用电工具在结束使用后，请及时断电；
3. 使用实验室工具时，不允许披发，以免发生意外；
4. 不允许将实验室工具随意移动位置，请在固定工作台前使用。

电工工具是电气安装与维修工作的“武器”，正确使用这些工具是提高工作效率、保证工作质量和工作安全的重要条件。因此，了解电工实习常见工具的结构及性能，掌握其使用方法，是非常重要的。电工工具的种类很多，正确地使用及维护工具不但能提高工作效率和实习质量，而且能延长工具的使用寿命。下面对实验室常用的几种工具进行介绍。

3.1　实习工具包内工具的使用

3.1.1　剪刀

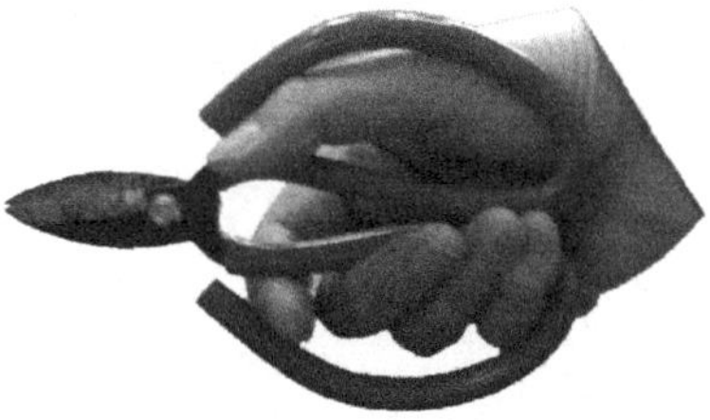

图3-1　剪刀的使用方法

(1) 使用方法：右手拇指放进剪刀一侧手柄，食指和中指同时放入另一侧手柄，如图3-1所示。使用时剪刀的刀尖朝前，由靠近身体一侧开始向外裁剪。注意不要横着或者向内裁剪，以防扎伤自己。在使用剪刀裁剪短小坚硬的物体时(如元器件的金属引脚)，注意眼睛不要离得太近，同时尽量使剪切方向朝外，避免剪下来的物体飞溅伤人。

(2) 使用场景：电子部分，手工焊接中需要用到剪刀去除元器件多余的引脚；电工部分，需要剪取合适长短的电线等。

(3) 注意事项：工具包中剪刀较小，请不要裁剪硬质材料以免损坏剪刀。完毕后，将剪刀收好，放置在实验台的一侧或收入工具袋内，不要手持剪刀打闹推搡。裁剪下来的余料要清理干净，养成良好的习惯。

3.1.2　镊子

(1) 使用方法：如图 3-2 所示，用大拇指和食指夹住镊子，使镊子后柄位于掌心或虎口处，视需要加上中指。注意不要太用力，以避免手发抖。

(2) 使用场景：在手工焊接过程中，镊子可用于夹取微小元器件、协助导线的焊接以及元器件的拆卸等。

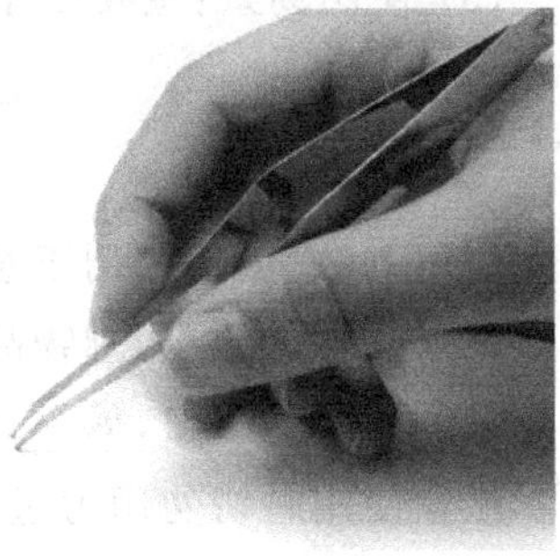

图 3-2　镊子的使用方法

(3) 注意事项：使用时请注意不要太用力，以免镊子变形。使用完毕后，将镊子收好，放置在实验台的一侧或收入工具袋内，不要手持镊子打闹推搡。镊子尖容易受损弯折变形，在使用时需要爱惜工具，不要盲目用力，以免损伤工具。

3.1.3　螺丝刀

螺丝刀又称“起子”、螺钉旋具等，其头部有“一”字形和“十”字形两种，如图 3-3(a)所示。“一”字形螺丝刀用来紧固或拆卸带一字槽的螺钉；“十”字形螺丝刀专用于紧固或拆卸带十字槽的螺钉。

(1) 使用方法：长螺丝刀一般用来紧固或旋松大的螺钉。使用时，用大拇指、食指和中指夹住握柄，手掌顶住握柄的末端，以适当力度旋紧或旋松螺钉，刀口要放入螺钉的头槽内，不能打滑。小螺丝刀一般用于紧固或拆卸电气装置接线桩上的小螺钉，使用时可用大拇指和中指夹住握柄，用食指顶住柄的末端捻旋，不能打滑以免损伤螺钉头槽，如图 3-3(b)所示。

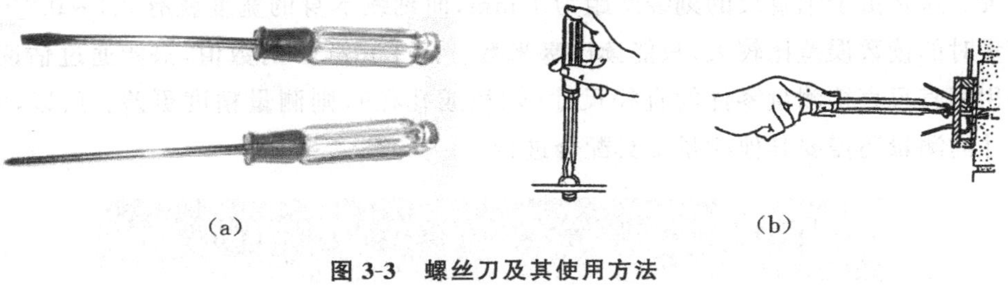

(a)　(b)

图 3-3　螺丝刀及其使用方法

(a) 一字螺丝刀和十字螺丝刀；(b) 螺丝刀的握法

(2) 使用螺丝刀应注意：

1) 不得使用金属杆直通柄端的螺丝刀进行电工操作，否则容易造成触电事故。

2) 为避免螺丝刀的金属杆触及皮肤或临近带电体，应在金属杆上套绝缘管。

3) 螺丝刀头部厚度应与螺钉尾部槽形相配合，斜度不宜太大，使用时应将头部顶牢螺钉槽口，防止打滑损坏槽口。

4) 在木制品上使用螺丝刀固定元件时，应先在木料上扎眼，再用螺丝刀旋入螺钉。

(3) 使用场景：主要用于电工部分，比如：模块的拆卸与安装、导线的连接等。

3.1.4 美工刀

使用方法：美工刀用于装配维修工作中的割削操作，使用美工刀时，将刀片伸出一小截，刀尖朝向纸面或切割物品，刀口垂直于切削物体，刀身大约为 30°夹角，如图 3-4 所示。用一只手握紧美工刀，另一只手固定住切削物体，顺着手臂收力的方向切割。

注意使用时切勿用力过大，身体和另一只手不要位于刀片前进的方向，以防划伤。

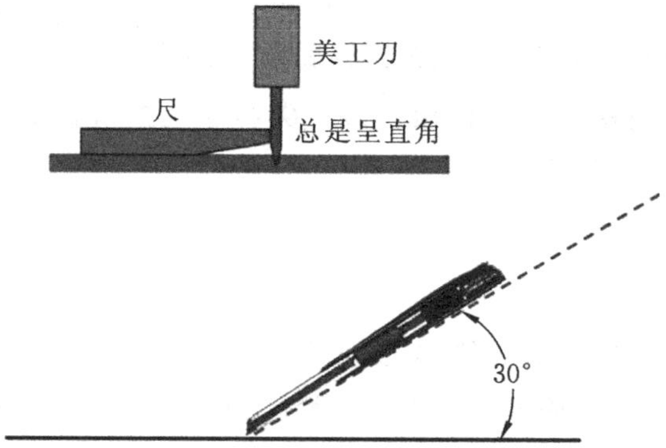

图 3-4　美工刀的使用方法

3.1.5 钢尺

钢直尺是最简单的长度量具，它的长度有 150、300、500 和 1000 mm 四种规格，如图 3-5 所示是最常见的 150 mm 钢直尺。钢直尺用于测量零件的长度尺寸，但它的测量误差较大。这是由于钢直尺的刻线间距为 1 mm，而刻线本身的宽度就有 0.1 ~ 0.2 mm，所以测量时的读数误差比较大，只能读出毫米数。比 1 mm 小的数值，只能通过估读得到。如果用钢直尺直接测量零件的直径尺寸（轴径或孔径），则测量精度更差。所以，零件直径尺寸的测量还需要其他测量工具配合进行。

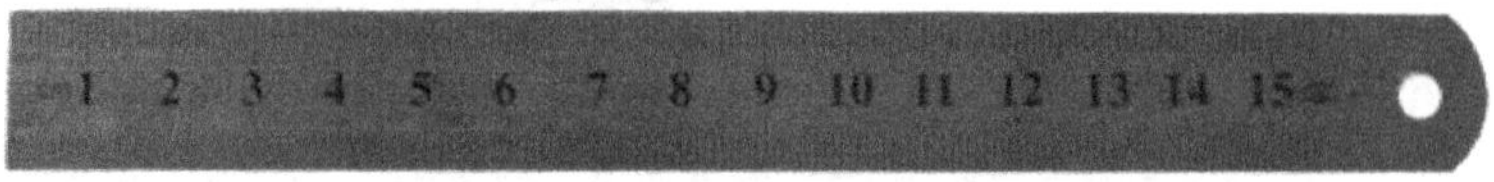

图 3-5　150 mm 钢直尺

3.2　焊接工具的使用

电烙铁是焊接的基本工具，它的作用是把电能转换成热能，熔化焊锡，使焊锡与被焊金属形成合金，使元器件与导线牢固地连接到一起。电烙铁按照类型主要分为内热式、外热式和恒温电烙铁三种。

3.2.1　内热式电烙铁

内热式电烙铁由手柄、连接杆、弹簧夹、烙铁芯（发热件）、烙铁头组成，如图 3-6 所示。由于烙铁芯安装在烙铁头里面，故叫内热式电烙铁。它有体积小、重量轻、升温快、耗电省、热效率高等优点，因此在实践中应用最多。内热式电烙铁的常用规格为 20 W、50 W 等几种，由于它的热效率高，20 W 内热式电烙铁就相当于 40 W 左右的外热式电烙铁。

一般 20 W 电烙铁的电阻为 2.4 kΩ 左右，可以用万用表测量其内阻，检查其能否正常工作。如果测量的电阻为无穷大，则表明电烙铁已断路，需更换烙铁芯。

表 3-1 列出了常用内热式电烙铁的烙铁头工作温度，电烙铁功率越大，热量越大，烙铁头的温度越高。如果选用功率过大的电烙铁，容易烫坏元器件和使印刷板导线脱落；如果使用功率过小的电烙铁，焊锡不能充分熔化，焊剂不能挥发出来，焊点不光滑牢靠，易造成虚焊。焊接时间过长，也会烫坏器件，一般要求每个焊点焊接时间在 1.5～4 s 内。

表 3-1　常用内热式电烙铁烙铁头温度表

烙铁功率/W	20	25	45	75	100
烙铁头温度/℃	350	400	420	440	455

3.2.2　外热式电烙铁

外热式电烙铁由烙铁头、烙铁芯、外壳、手柄、电源引线、插头等部分组成。烙铁芯由电阻丝绕在薄云母片绝缘的筒子上，由于烙铁头安装在烙铁芯里面，故称为外热式电烙铁。外热式电烙铁的规格很多，常用的有 25 W、45 W、75 W、100 W 等，功率越大烙铁头的温度也就越高，其结构如图 3-6 所示。

3.2.3　恒温电烙铁

恒温电烙铁的工作原理：用热电偶检测烙铁头的温度，当低于规定值时，温控装置的

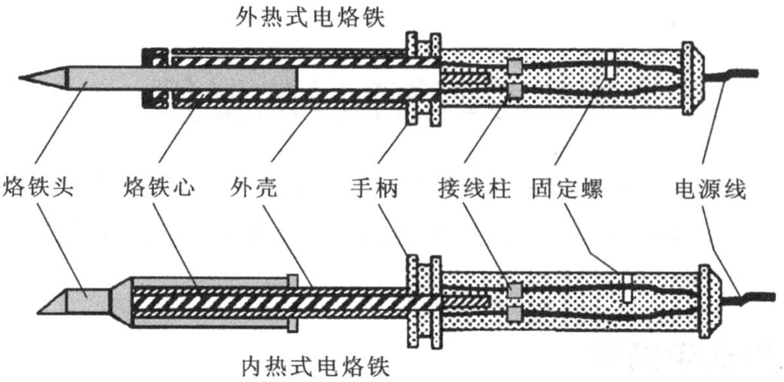

图 3-6　内热式/外热式电烙铁结构

电子电路控制半导体开关元件或继电器开关接通，给电烙铁供电，使温度上升。一旦达到预定温度，控制电路就断开开关，停止向电烙铁供电。按照上述原理重复动作，以此来控制所需温度，烙铁头的工作温度可在一定范围内任意选择。实验室选用的恒温电烙铁如图 3-7 所示。

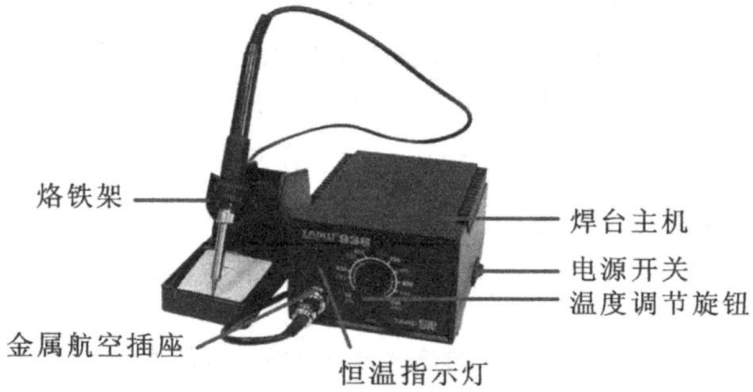

图 3-7　恒温电烙铁

电烙铁在使用过程中需要注意以下方面，防止造成事故：

1）使用前应检查使用电压是否与电烙铁标称电压相符。

2）电烙铁通电以后不能任意敲击、拆卸和安装电热零件。

3）电烙铁应保持干燥，不宜在过于潮湿或淋雨的环境中使用。

4）暂时不使用电烙铁，又不断电时，最好在烙铁头上涂一层锡，以保护烙铁头。

5）使用电烙铁时，注意烙铁的电线应位于手的外侧，防止烙铁头烫破电线造成用电安全事故。电烙铁应放置于专用散热架上，不要随意放置。长时间不使用电烙铁时应断电。

焊接过程中要遵守实验室操作安全守则，规范操作，不打闹推搡，防止烫伤。焊接要求和操作参见后面元器件焊接有关章节内容。

3.3　其他工具的使用

3.3.1　电工工具

（1）尖嘴钳

尖嘴钳的外形如图3-8所示，其主要作用是在连接点上绕导线、元件引线及对元件引脚成形。尖嘴钳的头部尖细，使用灵活方便，适用于狭小的工作空间或带电操作低压电气设备，也可用于电气仪表制作或维修、剪断细小的金属丝等。电工维修时，应选用带有耐酸塑料套管绝缘手柄、耐压在500 V以上的尖嘴钳。

（2）斜口钳

斜口钳的外形如图3-9所示，其主要用于剪切导线、元器件多余的引线，还常用来代替一般剪刀剪切绝缘套管、尼龙扎线卡等。电工斜口钳采用绝缘柄，耐压等级为1000 V，但要注意不要用斜口钳剪过于粗的钢丝，防止损坏刀口。

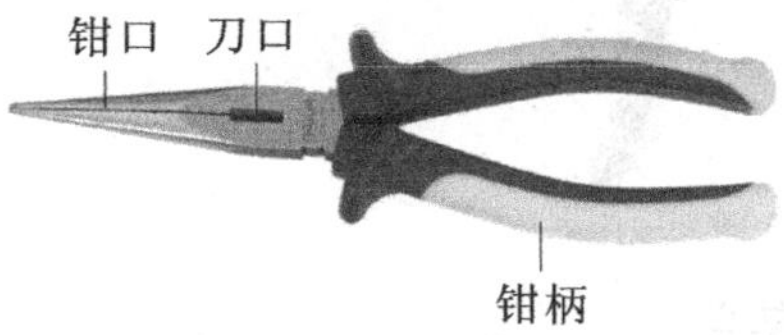

图3-8　尖嘴钳

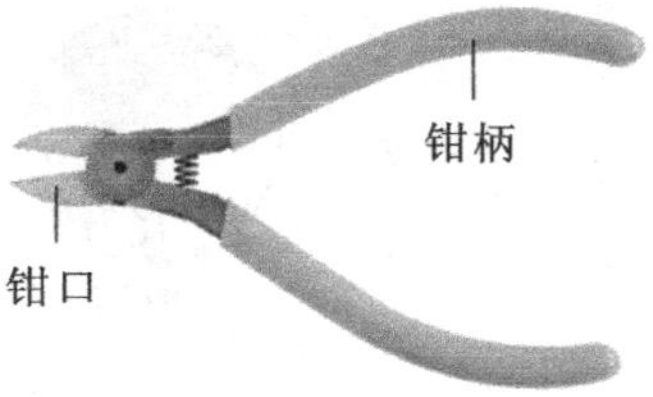

图3-9　斜口钳

（3）钢丝钳

钢丝钳又称老虎钳、平口钳、综合钳，它可以把坚硬的细钢丝夹断，有不同的种类。它在工艺、工业、生活中常用到。钢丝钳由钳头和钳柄组成，钳头包括钳口、齿口、刀口和铡口。钳口可用来夹持物件；齿口可用来紧固或拧松螺母；刀口可用来剪切电线、铁丝，也可用来剖切软电线的橡皮或塑料绝缘层，如图3-10所示。

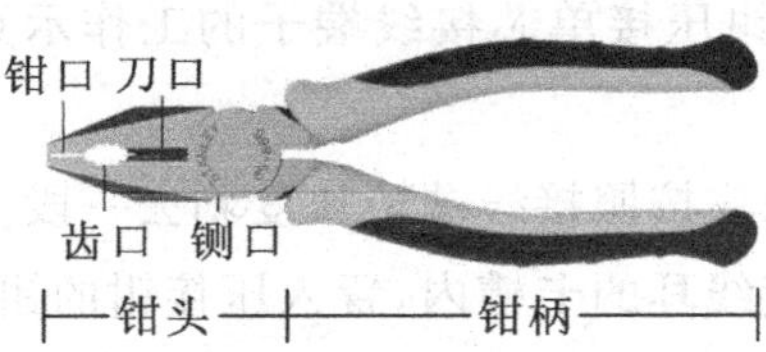

图3-10　钢丝钳

(4) 剥线钳

剥线钳是内线电工、电动机修理、仪器仪表电工常用的工具之一，用来剥除电线头部的表面绝缘层。剥线钳可以使得电线被切断的绝缘皮与电线分开，还可以防止触电。剥线钳适用于剥削截面积 6 mm^2 以下塑料或橡胶绝缘导线的绝缘层，它由钳口和手柄两部分组成，其外形如图 3-11 所示。上面有松紧调节旋钮，用于调节刀口的松紧，使得剥线钳可以剥削不同直径范围的线材。剥线时，将导线放入相应刃口中，右手快速握压然后松开钳柄，导线的绝缘层即自动剥除弹出。

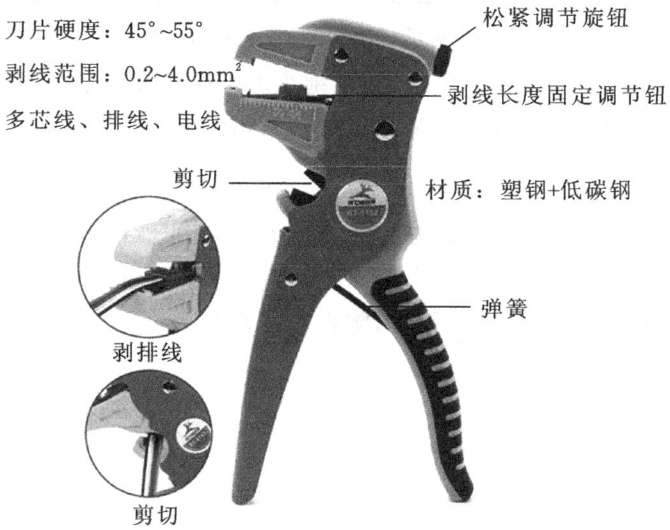

图 3-11　剥线钳

(5) 压线钳

压线钳也被称为“压接钳”，用来压制接线端子，实现导线与导线、导线线头与接线端子之间可靠的低电阻接合。由于接线端子的规格种类较多，外形差异也比较大，往往需要配套使用不同的压线钳型号及规格。常用的压线钳包括铝绞线压线钳、网线压线钳、单芯杜邦端子压线钳、排线压线钳等。

图 3-12(a)为一种常用的压线钳，钳头包含多个尺寸的压卡槽，以适应不同的导线线径及接线耳规格。利用压线钳压接单芯接线端子的工作示意如图 3-12(b)所示，具体的操作流程如下：

1) 将待压接导线的绝缘皮按照接线端子长度剥去一段。

2) 将露出的芯线放入接线耳的卡槽内，置入压接钳的钳头。

3) 用力紧握压线钳的钳柄，使钳头闭紧并造成接线耳的金属卡槽变形，完成压接。

与尖嘴钳和钢丝钳相比，压线钳压出的接头成型效果更好、接触电阻更小。

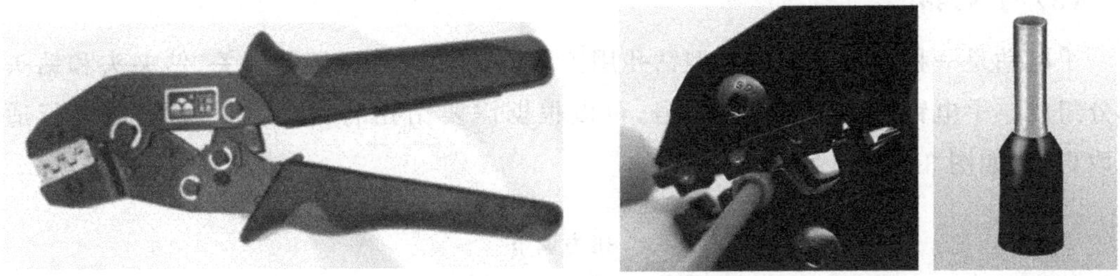

(a) (b)

图 3-12 压线钳

(a)压线钳外形;(b)针形冷压端子和压接操作

3.3.2 切割工具

(1) 裁刀

裁刀由三大部分组成:刀片、压板和刻度板,如图 3-13 所示。裁刀在使用的时候,首先要将物料平放在刻度板上,以刻度作为参考,将需要裁掉的部分伸出刻度板的右侧。然后慢慢将刀片下压,此时压板也会随着下压,直到压住物料进行固定。固定好物料并确认裁切部位以后,继续匀速下压刀片的手柄,就能将多余的物料裁切掉。裁刀一般用来裁切纸张、照片等轻薄的物料。注意:裁刀的刀片看似很钝,其实非常锋利,使用时不要把手放在刀片下方。另外,不要用裁刀切割太厚太硬的物料,防止刀片变形。

(2) 曲线锯

曲线锯用于切割曲线或者在板料内部挖空的场合。在板料上挖出形状之前,先在木料上打个孔,再将锯条穿过这个孔,然后如图 3-14 所示将锯条装在锯弓上开始切割。

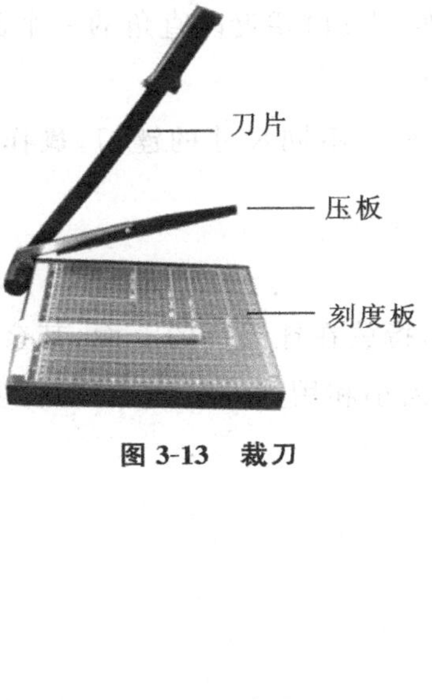

图 3-13 裁刀

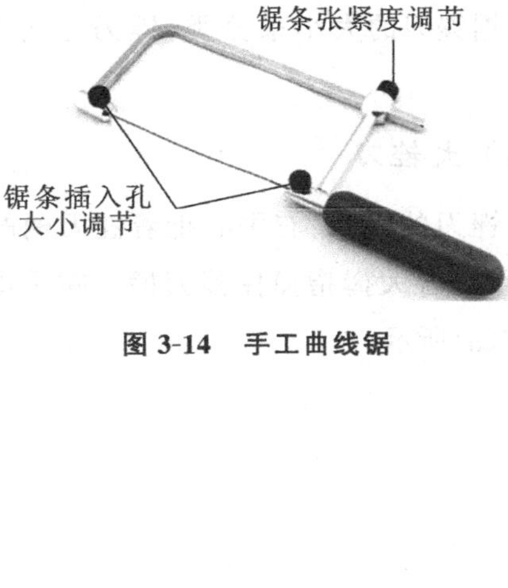

图 3-14 手工曲线锯

(3) 手电钻

手电钻是一种携带方便的小型钻孔用工具,由小电动机、控制开关、钻夹头和钻头等部分组成。手电钻的钻头有多种型号,可以根据需要钻孔的大小、板材材质等进行适当选取更换,如图 3-15。

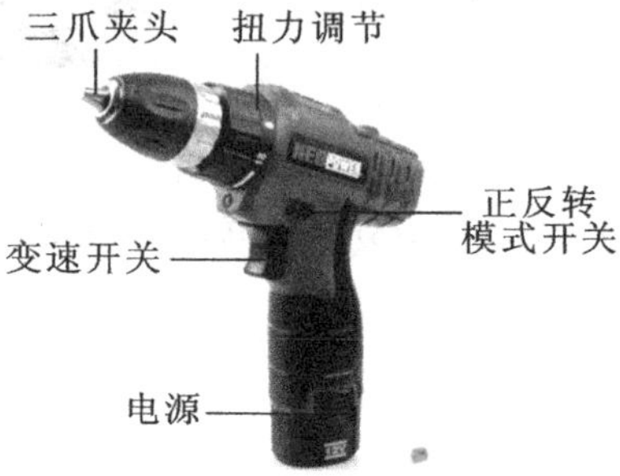

图 3-15 手电钻

使用手电钻前,通过旋转夹头外侧调节夹头松紧,对钻头进行更换。根据钻孔的螺纹方向调节好正反转开关。准备完成以后可以通过按压变速开关来控制钻头的旋转速度,先空转 0.5~1 min,检查传动部分是否灵活,有无异常杂音,螺钉等有无松动。开始钻孔时应保持钻头垂直于被钻的板材,且向下压的力度不要太大,防止钻头折断。

3.3.3 打磨工具

锉刀是用于锉光工件的手工工具,表面有许多细密刀齿、条形,用于对金属、木料、皮革等表层做微量加工。根据不同的加工需求,锉刀分为多种规格。

根据锉削零件的形状来选择,锉削内圆弧面时,要选择半圆锉或圆锉(小直径的工件);锉削内角表面时,要选择三角锉;锉削内直角表面时,可以选用扁锉或方锉等。选用扁锉锉削内直角表面时,要注意使锉刀没有齿的窄面(光边)靠近内直角的一个面,以免碰伤该直角表面,实验室常用锉的种类如图 3-16 所示。

根据锉刀的大小来分类,锉刀分为大、中、小三种。不同尺寸的锉刀,操作方法有不同。

(1) 大锉刀

大锉刀的握法:右手心抵着锉刀柄的端头,大拇指放在锉刀柄的上面,其余四指弯在下面,配合大拇指捏住锉刀柄。左手则根据锉刀大小和用力的轻重,有多种姿势,如图 3-17(a)所示。

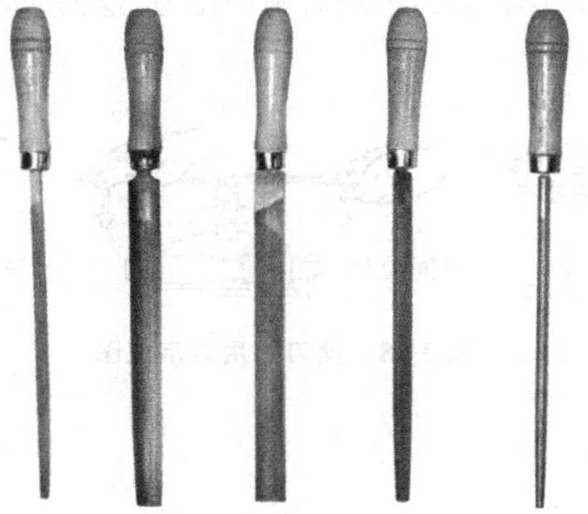

图 3-16 锉刀形状种类

(2) 中锉刀

中锉刀的握法:右手握法与大锉刀握法相同,左手用大拇指和食指捏住锉刀前端,如图 3-17(b)所示。

(3) 小锉刀

小锉刀的握法:右手食指伸直,拇指放在锉刀柄上面,食指靠在锉刀的刀边,左手几个手指压在锉刀中部,如图 3-17(c)所示。对于更小的锉刀的握法,一般只用右手拿着锉刀,食指放在锉刀上面,拇指放在锉刀的左侧。

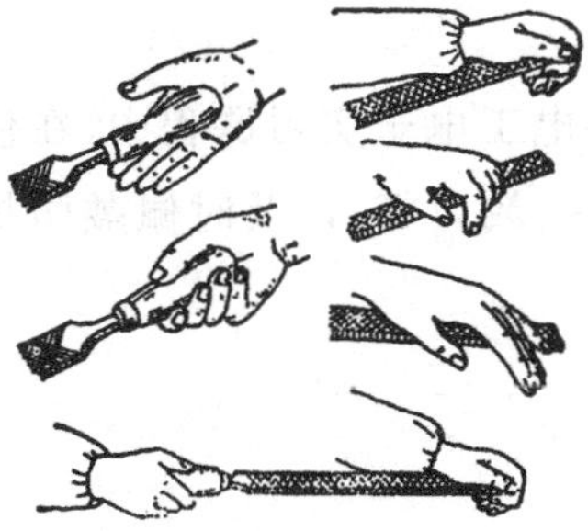
(a)

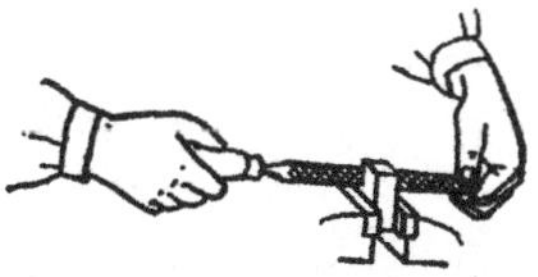
(b)

(c)

图 3-17 锉刀的握法

(a)大锉刀;(b)中锉刀;(c)小锉刀

锉削力的正确运用是锉削的关键。锉削的力量有水平推力和垂直压力两种。推力主要由右手控制,其大小必须大于切削阻力才能锉去切屑。压力是由两手控制的,其作用是使锉齿深入金属表面。两手的压力大小也必须随着锉刀的移动进行变化。方法是:随着锉推进,一只手的压力应由大而逐渐减小,另一只手的压力则由小而逐渐增大,到中间时两手压力相等，如图 3-18。锉刀推进时施加压力，返回时不加压力，以免磨钝锉齿和损伤已加工表面。

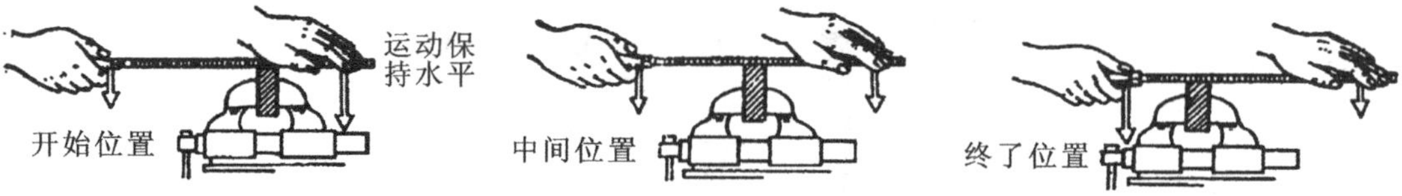

图 3-18 锉刀的用力示意图

3.3.4 其他工具

(1) 热熔胶枪

热熔胶枪是一种非常方便的黏合工具，通过使用不同的喷嘴，可以满足不同的黏结需求，如图 3-19 所示。热熔胶枪的使用也非常方便，只需要插入热熔胶棒，将热熔胶枪插上电并等待几分钟预热，就可以通过按压手柄处的按钮将胶水挤压出来进行粘黏。热熔胶棒受热会熔化，便于从喷嘴挤压出来，而冷却以后就能凝固，将物料牢固地粘黏在一起。

在使用热熔胶枪时，由于枪头处于高温状态，因此不要用手接触喷嘴部位，防止烫伤。切勿从进胶口拉出胶条，加热过后的热熔胶会造成烫伤事故或损坏胶枪。若胶枪连续加热超过 15 分钟不用，请切断电源。

(2) 防护眼镜

防护眼镜是防御有害因素损伤眼睛的面部防护用品。在电工电子实习课程中，在使用手工工具或电动工具进行作业时，比如使用雕刻机、手电钻、裁刀等，请及时佩戴防护眼镜。

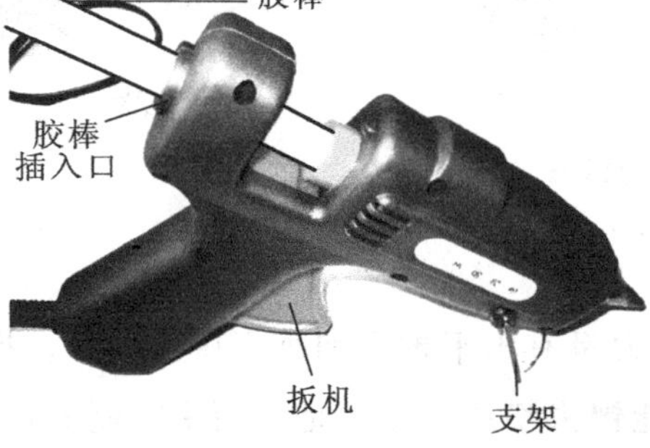

图 3-19 热熔胶枪

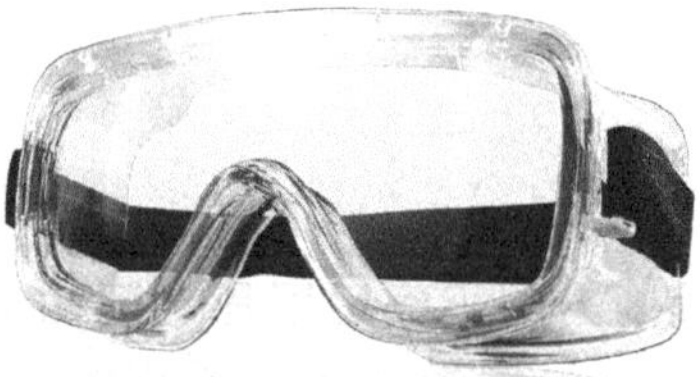

图 3-20 防护眼镜

强调

• 实验室的公用工具在公用工具台上使用，用完后放回原处，不要拿到自己座位上。

• 工具包内的工具在使用时不要乱扔乱放，保持工作台台面的整齐有序。

• 带电工具在使用结束后注意关闭电源和空开。

• 使用手电钻等工具时不要用力过猛，容易损坏工具，发生人身危险。

• 使用加工室的大中型加工设备时要特别注意操作安全，手不要离加工齿轮、刀口过近。

章节测试

1. 美工刀用于割削操作时，刀尖朝向________或________，刀口________于切削物体，刀身大约为________夹角。

2. 手电钻是一种携带方便的小型钻孔用工具，由________、________、________和________几部分组成。

3. 简述剥线钳的作用。

4. 什么是内热式电烙铁，什么是外热式电烙铁？

5. 简述使用热熔胶枪的注意事项。

第 4 章　常用电子元器件的识别与检测

学习目标

1. 掌握常用电子元器件的电路符号、参数以及用途；
2. 能准确识读常用电子元器件类型及其参数；
3. 能用万用表检测常用电子元器件的好坏。

安全规范

1. 正确选择万用表挡位进行测量，避免损坏万用表；
2. 正确辨识电子元器件参数，合理测试，避免元件损坏。

电子元器件是电路的基本组成部分，常用的电子元器件有：电阻器、电容器、电感器和半导体器件（二极管、三极管、集成芯片）等。为了能够正确地选择和使用这些电子元器件，就必须对它们的性能、结构和规格有一定的了解。

4.1　电　阻　器

电阻器是电路元件中应用最广泛的一种，在电路中起降压、分压、限流、分流、负载及阻抗匹配等作用，还可与电容配合做滤波器使用。电阻器种类较多，可分为固定变阻器和可变电阻器两大类，外形如图 4-1 所示。

4.1.1　固定电阻器

固定电阻器常简称为电阻，其电路符号如图 4-2 所示。

(1) 几种常用的固定电阻

碳膜电阻：它是由碳沉积在瓷质基体上制成的，通过改变碳膜厚度或长度，可以得到不同的阻值。其特点是性能一般、价格便宜，早期使用广泛，一般为土黄色或粉红色等，色环是四个环。

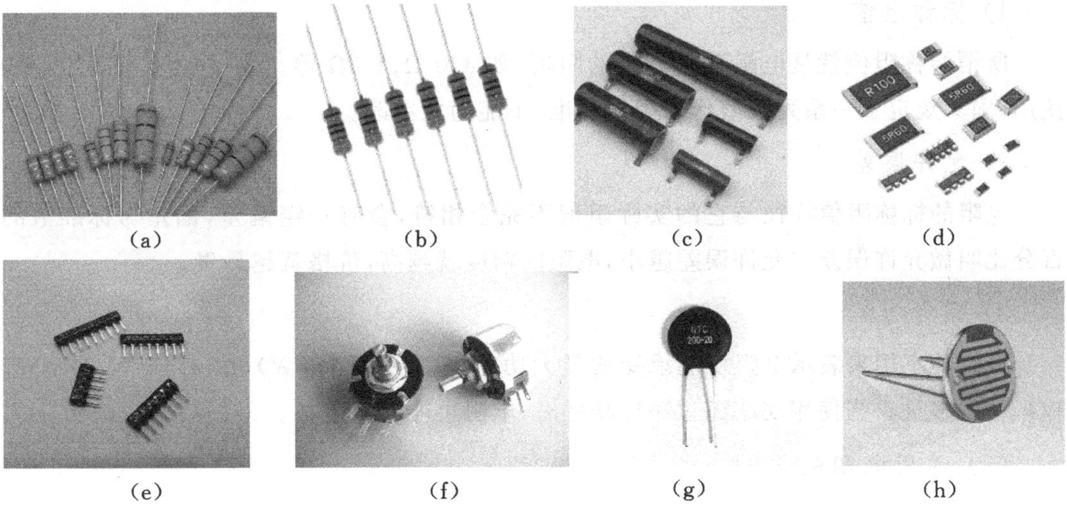

图 4-1　电阻器外形图

(a) 碳膜电阻;(b)金属膜电阻;(c) 绕线电阻;(d)贴片电阻;

(e)电阻排;(f)电位器;(g)热敏电阻;(h)光敏电阻

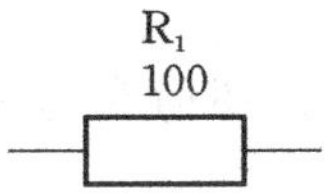

- 电阻图形符号中两侧的两条直引线表示电阻的两根引脚
- 字母R表示电阻器
- R_1中的1表示电阻器在电路图中的编号，即位号
- 100表示该电阻器的阻值为100Ω，在原理图中一般会省去单位Ω，阻值在千欧以下，直接用数字表示；阻值在千欧以上，数字后带K或M，例如1000Ω的电阻表示1K

图 4-2　电阻的图形符号与外观

金属膜电阻:它是采用高温真空镀膜技术将镍铬或类似的合金紧密附在瓷棒表面形成皮膜,经过切割调试阻值,并在其表面涂上环氧树脂密封保护而成的。其特点是稳定、性能好、价格高,一般为蓝色,色环是五个环。

绕线电阻:它是用康铜丝或锰铜丝绕在绝缘骨架上制成的。其特点是耐高温、精度高、低频,但其体积大,阻值较低。另外,由于结构的原因,其分布电容和电感系数都比较大,不能在高频电路中使用,一般用在大功率场合。

片式电阻:又称贴片电阻。它是将金属粉和玻璃釉粉混合,采用丝网印刷法印在基板上而制成的。其特点是体积小,耐潮湿和高温,温度系数小。

电阻排:它是一种把按一定规律排列的分立电阻器集成在一起的组合型电阻器,也称为集成型电阻器。其特点是体积小、规整化,精密度高。

(2) 电阻的主要指标

电阻的主要指标包括标称阻值、允许误差和额定功率。

1）标称阻值

所谓标称阻值就是电阻表面标出的阻值，如 330 Ω、1 kΩ 等。为了便于实际生产和使用，国家规定了一系列数值作为阻值标准，不能随意更改。

2）允许误差

电阻的标称阻值往往与它的实际阻值不完全相符，会有一定偏差，偏差与标准值的百分比叫做允许误差。允许误差越小，电阻的精度就越高，价格就越昂贵。

3）额定功率

额定功率用来表示电阻所能承受的最大功率，单位为瓦特（W），由 1/16 W、1/8 W、1/4 W 等多种。当使用功率超过额定功率时，电阻可能会被烧坏。

（3）常用电阻的识别

表示电阻的标称阻值和误差的方法有直标法、色标法和文字符号法三种形式，这里主要介绍色标法。

色标法是用不同的色环表示电阻的标称值和误差。普通电阻采用四环表示，精密电阻采用五环表示，如图 4-3 所示。五环电阻的前三环是有效数字，第四环是倍率，第五环是误差；而四环电阻前两环是有效数字，第三环是倍率，第四环是误差。那么准确识别首位色环，对准确读出电阻器的标称阻值非常重要。

1）一般色环电阻中，金、银色环一般表示精度，即在色环中金或银色环通常为末位色环。

2）当倍率环颜色无法判断时，可通过色环之间的距离来判断，倍率环与误差环之间的间隔会比第一、二环之间的间隔大。

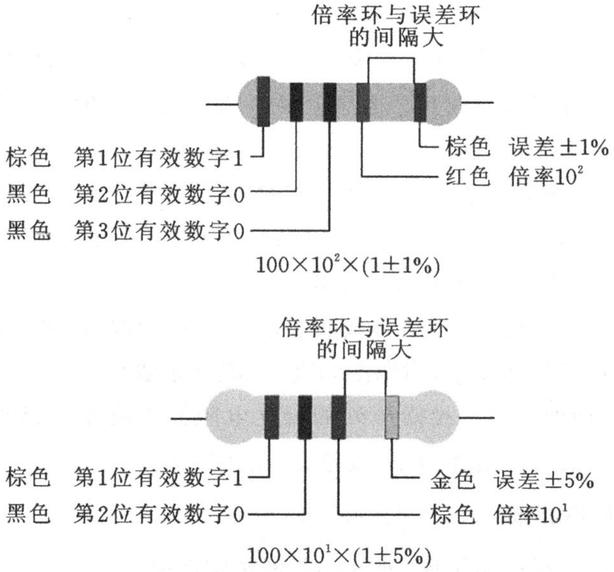

图 4-3　电阻的色标法标注阻值示例

其中颜色与数字之间的对应关系见表4-1。

表4-1 色标法中颜色与数字的对应关系

颜色	黑	棕	红	橙	黄	绿	蓝	紫	灰	白	金	银
数字	0	1	2	3	4	5	6	7	8	9		
倍率	1	10	10^2	10^3	10^4	10^5	10^6	10^7	10^8	10^9	10^{-1}	10^{-2}
误差/%		±1	±2			±0.5	±0.2	±0.1			±5	±10

色环电阻的额定功率一般不标注，但可从其体积判断，电阻的额定功率与电阻的体积成正比，即额定功率大那么其体积也会大一些。

4.1.2 可变电阻器

可变电阻器是阻值可以调整的电阻器，用于需要调节电路电流或需要改变电路阻值的场合。其中电位器是一种带滑动端的可变电阻器，常用来改变电位，用作分压器。其电路符号如图4-4所示。

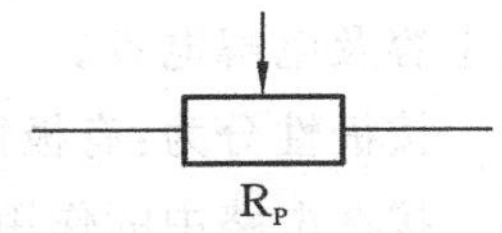

图4-4 电位器的电路符号

特殊的可变电阻器不能人工进行调整，阻值随外界环境的变化而变化，常见的有：热敏电阻、光敏电阻、压敏电阻、湿敏电阻等。热敏电阻大多由单晶、多晶半导体材料制成，阻值会随温度的变化而变化；光敏电阻利用半导体的光导电特性，使阻值随着入射光线的强弱发生变化；压敏电阻是当外加电压施加到某一临界值时，压敏电阻的阻值就会急剧变小，起瞬态过电压保护作用；湿敏电阻由感湿层（或湿敏膜）、引线电极和具有一定强度的绝缘基体组成，可随着湿度的变化而变化，常用作传感器。

4.1.3 测量

首先将万用表调至欧姆挡。

(1) 指针式万用表需要红、黑表笔短接调零；数字式万用表需要切换至自动读取电阻值模式。

(2) 两只表笔分别接被测电阻两端，如图4-5所示。测量时注意不要双手同时触及电阻引线的两端，以免将人体电阻并联至被测电阻，影响测量的准确性。测量完成后，计算元件的实际误差，用来和允许误差做对比。

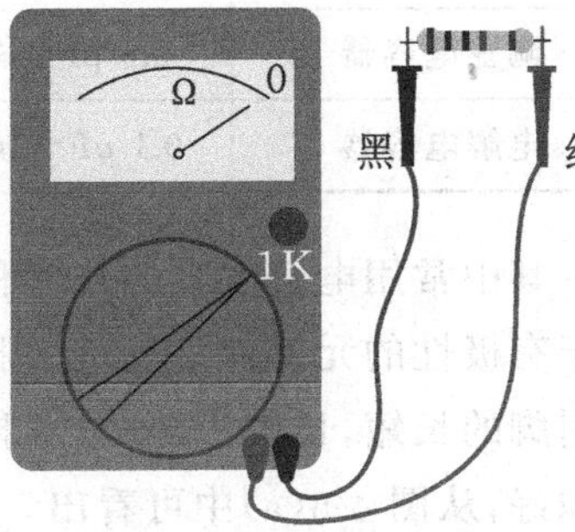

图4-5 电阻测量示意图

$$实际误差=\frac{测量值-标称值}{标称值}\times 100\%$$

4.2 电 容 器

电容器就是容纳和释放电荷的电子元器件，其结构主要由两块正负电极和夹在中间的绝缘介质组成。电容器的基本工作原理就是充放电，在电路中起滤波、级间耦合、旁路、去耦及信号调谐等作用。

4.2.1 电容器的基本知识

(1) 电容器的分类

按结构可分为：固定电容、可变电容和微调电容。

按介质材料可分为：气体介质电容、液体介质电容、无机固体介质电容、有机固体介质电容及电解电容。

按极性分为：有极性电容和无极性电容。

按在电路中的作用可分为：高(低)频旁路电容器、滤波电容器、调谐电容器、高(低)频耦合电容器等。

几种常用电容器的特性对比如表 4-2 所示。常用的电容外形和电路符号如图 4-6 所示。

表 4-2 几种常用电容器的特性对比

名称	容量	稳定性	损耗	频率	耐压
聚丙烯膜电容器	1000 pF～10 μF	中	低	中	中
涤纶电容器	40 pF～4 μF	差	高	低	中
云母电容器	40 pF～0.1 μF	高	低	高	高
玻璃铀电容器	10 pF～0.1 μF	高	低	高	中
陶瓷电容器	0.5 pF～6800 pF	高	低	高	中
电解电容器	0.1 μF～10000 μF	中	高	低	中

其中常用电解电容的外形和电路符号如图 4-6(a)所示。电解电容属于有极性电容，对于有极性的元器件，正、负引脚不能接反。关于极性的辨认，从电解电容外观来看，一是引脚的长短，长脚为“＋”，短脚为“－”；二是电容外表面的某个区域生产厂家已将极性标识好，从图 4-6(a)中可看出。

瓷片电容是一种用陶瓷材料作介质的电容器，属于无极性电容，没有正负极之分，外形和电路符号如图 4-6(b)所示。

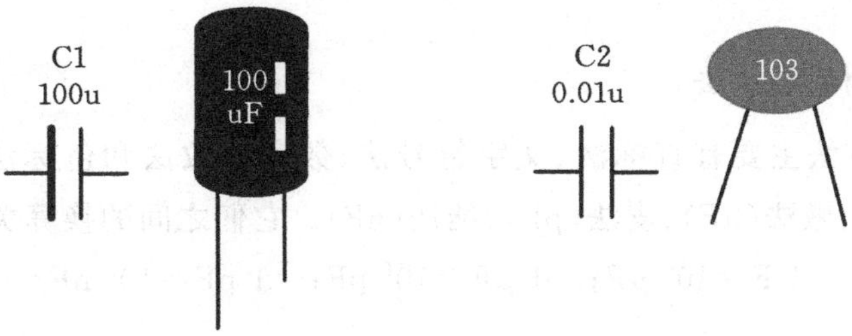

图 4-6　电解电容和瓷片电容外形和电路符号

(a)电解电容;(b)瓷片电容

(2) 电容的主要参数

1) 标称容量与允许误差

电容外壳表面标出的电容量值,称为电容的标称容量。允许误差为电容实际容量和标称容量允许的最大偏差范围。常用的电容器其精度等级和电阻器的表示方法相同,如表 4-3 所示。

2) 额定工作电压

电容器在电路中能够长期稳定、可靠地工作,所承受的最大直流电压,又称耐压。对于结构、介质、容量相同的器件,耐压越高,体积越大。使用时,外加电压最大值一定要小于电容的额定工作电压,通常外加电压应在额定电压的 2/3 以下。

表 4-3　字母与精度对照表

符号	D	F	G	J	K	L	M	N	Z
允许误差/%	±0.5	±1	±2	±5	±10	±15	±20	±30	+80 −20

3) 绝缘电阻

电容的绝缘电阻用来表征电容的漏电性能,在数值上等于加在电容两端的电压除以漏电流。绝缘电阻越大,漏电流越小,电容的质量越好。一般小容量的电容,绝缘电阻很大,为几百兆欧姆到几千兆欧姆;电解电容的绝缘电阻较之会小一点。

4) 损耗

在电场的作用下,电容器在单位时间内发热而消耗的能量。这些损耗主要来自介质损耗和金属损耗。

5) 频率特性

电容器的电参数随电场频率变化的性质。随着频率的上升,一般电容器的电容量会下降。

(3) 电容的标注方法

电容的标注方法主要有直标法、文字符号法、数字计数法和色标法四种。电容器容量单位有法拉(F)、微法(μF)、皮法(pF)、纳法(nF)。它们之间的换算关系为:

$$1\ \text{F}=10^6\ \mu\text{F};\quad 1\ \mu\text{F}=10^6\ \text{pF};\quad 1\ \text{pF}=10^3\ \text{nF}$$

1) 直标法

用字母和数字把型号、规格直接标在外壳上,常用于电解电容参数的标注。

2) 文字符号法

用数字、文字符号有规律的组合来表示容量。容量的整数部分写在容量单位符号之前,小数部分写在容量单位之后,例如 2.2 记作 2p2。

3) 数字计数法

在一些瓷片电容上常用三位数字表示标称电容,单位为 pF。其中前两位表示有效数字;第三位表示倍率,即乘以 10^n。例如,103 表示 10×10^3 pF=10000 pF=0.01 μF。

4) 色标法

与电阻的色环表示法类似,其颜色代表的数字与电阻的色环完全一致,单位为 pF。

4.2.2 电容器的检测

(1) 数字式万用表测量电容

1) 将电容两引脚短接放电,对于容量较大的电容需要接负载对电容放电。

2) 将数字万用表置于电容挡,测电容容量。

3) 对于有极性的电容,红表笔接电容正极;黑表笔接电容负级。表头显示的数值即为电容此时的容量。若万用表读不出电容容量,表明电容已损坏。

(2) 指针式万用表测量电容

1) 电解电容

测电容绝缘电阻时,将万用表量程置于 $R\times1k\ \Omega$ 挡,表笔短接调零。将被测电容两个引脚短接放电。黑表笔接电容正极,红表笔接电容负极,对电容进行充电。此时表针迅速向右摆动,然后慢慢向左退回(接近电阻无穷大),待指针不动时指示的电阻值越大,表示电容漏电流越小,电容质量越好。若指针向右摆到电阻 0 位不向左边退回,表明电容已经击穿;若指针不摆动,说明电容内部开路。示意图如图 4-7 所示。

注意:铝电解电容的绝缘电阻应超过 200 kΩ 才可使用。

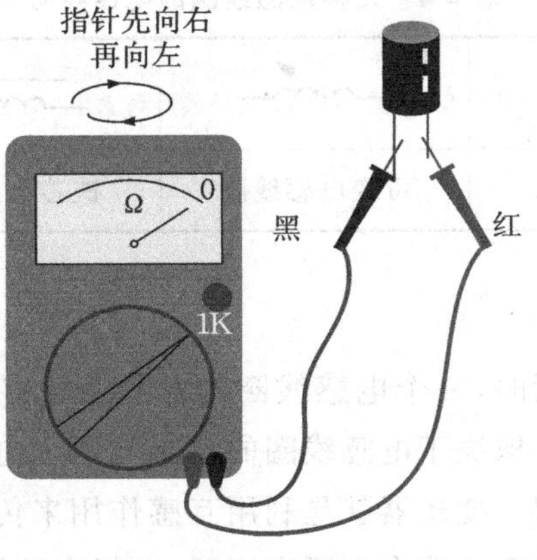

图 4-7　指针式万用表测量电解电容示意图

2) 瓷片电容测量

将万用表量程置于 R×10 kΩ 挡，并调零。将被测电容两个引脚短接放电。由于没有极性，不用区分红黑表笔。给电容充电时，因容量小充电很快，可能会看到表针轻微地抖动；或者是表针处于电阻无穷大处不动。

4.3 电 感 器

电感器是能够把电能转化为磁能的元件，主要利用电磁感应原理工作。其作用是阻交流通直流，阻高频通低频。变压器、各类振荡线圈、喇叭等都是电感类元件。

4.3.1 电感器的分类

电感线圈通常由骨架、绕组、屏蔽罩、磁芯等组成。在电子设备中，电感线圈可分为自感器和互感器两大类。

(1) 自感器

由单一线圈组成的电感器称为自感器，也称为电感线圈。电感线圈的用途很广，在电路中常用于滤波器、调谐放大器、去耦电路等。在电路中常用的电感线圈的分类大致有这么几种：按电感形式来分，可分为固定电感和可变电感；按导磁体性质来分，可分为空芯线圈、铁氧体线圈、铁芯线圈和铜芯线圈；按工作性质来分，可分为天线线圈、振荡线圈、扼流线圈、陷波线圈和偏转线圈。几种电感线圈的电路符号如表 4-4 所示。

表 4-4 几种电感线圈的电路符号

符号				
名称	空芯线圈	可变电感线圈	铁芯电感线圈	磁芯电感线圈

（2）互感器

两个电感线圈相互靠近时，一个电感线圈的磁场变化将影响另一个电感线圈，这种影响就是互感。互感的大小取决于电感线圈的自感与两个电感线圈耦合的程度，利用此原理制成的元件叫做互感器。变压器就是利用互感作用来传递交流信号和电能，同时起到阻抗变换作用的。常用的互感器有电源变压器、音频变压器、高频变压器等。

4.3.2 电感器的主要参数

（1）电感量

电感器上标注的电感量的大小，表示线圈本身固有特性，主要取决于线圈的圈数、结构及绕制方法等，与电流大小无关，既反映电感线圈存储磁场能的能力，也反映电感器通过变化电流时产生感应电动势的能力，单位为亨（H）。

（2）允许误差

电感的实际电感量相对于标称值的最大允许偏差范围称为允许误差。

（3）品质因数

品质因数用字母 Q 表示。Q 值越高，表明线圈的功耗越小，效率越高，则“品质”越好。Q 值与线圈的结构（如导线粗细、匝数、绕法、磁芯）有关。

（4）额定电流

额定电流是指电感器在允许的工作环境下能承受的最大电流值。若工作电流超过额定电流，则电感器就会因发热而使性能参数发生改变，甚至还会因过流而烧毁。

（5）分布电容

分布电容是指线圈的匝与匝之间、线圈与磁芯之间存在的电容。电感器的分布电容越小，其稳定性越好。

4.3.3 电感器的检测

（1）直观检查

直接观察电感器的引脚是否断开，磁芯是否松动，绝缘材料是否破损或烧焦等。

(2) 万用表检测

在电感器好坏判断中，常使用万用表电阻挡测量电感器的通断及电阻值大小来判断。可具体分下述三种情况进行判断。

1) 被测电感器电阻值太小。说明电感器内部线圈有短路性故障，注意测试操作时，一定要先认真将万用表调零，以免造成误判。当怀疑电感器内部有短路性故障时，最好是用电阻最小挡反复多测几次，这样才能作出正确的判断。

2) 被测电感器有电阻值。电感器直流电阻值的大小与绕制电感器线圈所用的漆包线线径、绕制圈数有直接关系，线径越细，圈数越多，则电阻值越大。一般情况下用万用表测量，只要能测出电阻值，则可认为被测电感器是正常的。

3) 被测电感器的电阻值为无穷大，表明电感器内部的线圈或引出端与线圈接点处发生了断路性故障。

4.4　二　极　管

二极管是由一个 PN 结加上相应的电极引线及管壳封装构成，具有单向导电性。二极管品种很多，外形、大小各异。较常见的有：玻璃壳二极管、塑封二极管、金属壳二极管、大功率螺栓状金属壳二极管、微型二极管、片状二极管等。按功能可分为发光二极管、整流二极管、开关二极管、稳压二极管等。常用的二极管实物图如图 4-8 所示。

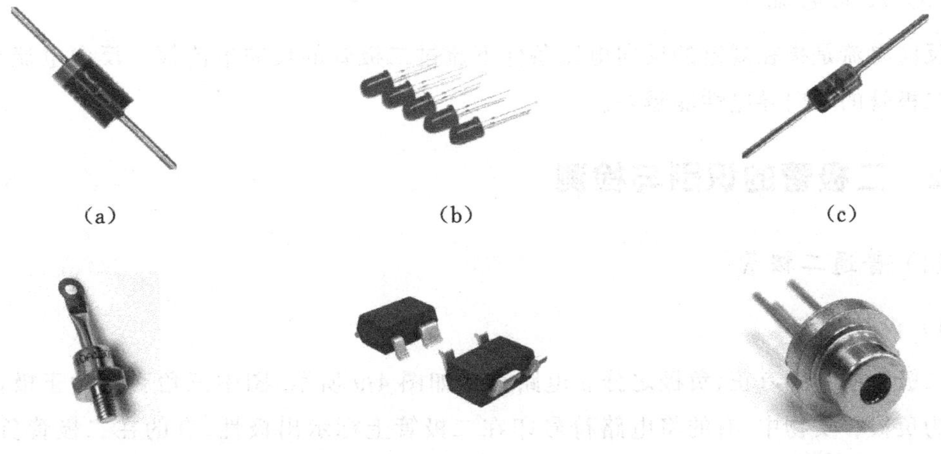

(a)　(b)　(c)

(d)　(e)　(f)

图 4-8　常用的二极管实物图

(a)整流二极管(塑封)；(b)发光二极管；(c)稳压二极管(玻璃壳)；

(d)大功率整流二极管；(e)贴片二极管；(f)激光二极管

4.4.1 二极管的主要参数

(1) 最大整流电流

最大整流电流是指二极管长期连续工作时,允许正向通过PN结的最大平均电流。其值与PN结面积及外部散热条件等有关。在规定散热条件下,二极管使用中不要超过二极管最大整流电流值。

(2) 最大反向电压

最大反向电压是指反向加在二极管两端而不致引起PN结击穿的最大电压。在实际应用中应选用最大反向电压大于实际工作电压2倍以上的二极管。

(3) 正向导通电压

正向导通电压是指二极管通过额定正向电流时,在两极间所产生的压降。硅二极管的正向压降约0.6～0.8 V;锗二极管约0.2～0.3 V。大功率的硅二极管的正向压降往往达到1 V。

(4) 最高工作频率

最高工作频率是二极管工作的上限频率。因二极管与PN结一样,其结电容由势垒电容组成。所以最高工作频率的值主要取决于PN结结电容的大小。若是超过此值,则单向导电性将受影响。

(5) 反向电流

反向电流是指在规定的反向电压条件下流过二极管的反向电流值。反向电流越小,表明二极管的单向导电性能越好。

4.4.2 二极管的识别与检测

(1) 普通二极管

1) 极性判断

二极管两管脚有正、负极之分。电路符号如图4-9所示,图中三角底边为正极,短杠一端为负极。实物中,有的将电路符号印在二极管上标示出极性;有的在二极管负极一端印上一道色环作为负极标记;有的二极管两端形状不同,平头为正极,圆头为负极,具体如图4-9所示。

2) 万用表测量

如果是数字式万用表,将万用表置于二极管挡位,表笔放在被测二极管两端,红色表

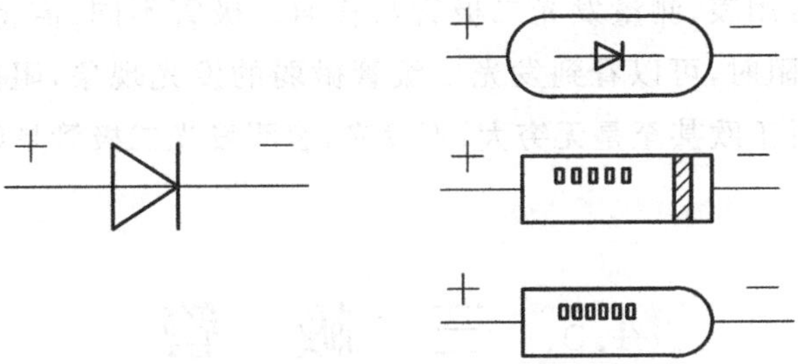

图4-9　二极管的电路符号与实物极性

笔接二极管正极，黑色表笔接二极管负极，所测得的值为二极管正向导通电压；若将红色表笔接二极管负极，黑色表笔接二极管正极，所测得的值为二极管反向电压。若正向导通电压有读数且不为0，反向电压无穷大，表明二极管是好的。

如果是指针式万用表，将万用表置于R×1 kΩ挡，表笔放在被测二极管两端。黑色表笔接二极管正极，红色表笔接二极管负极，所测得的电阻为正向电阻；黑色表笔接二极管负极，红色表笔接二极管正极，所测得的电阻为反向电阻。若正向电阻为100 Ω到几千欧，反向电阻为几十千欧到几百千欧，表明二极管是好的。

(2) 发光二极管

1) 极性判断

发光二极管的电路符号与实物外观如图4-10所示。极性可从两方面判断：一是从引脚长短可以看出，长脚为正，短脚为负；二是从发光二极管的灯头中可以分辨，对着光可以看到，灯头中有两个半导体晶片大小不一，小片为正极，大片为负极。

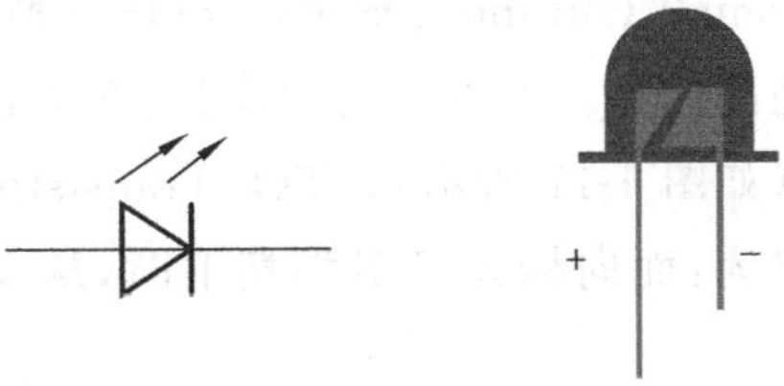

图4-10　发光二极管的电路符号与实物外观

2) 万用表测量

如果是数字式万用表，与普通二极管测量方式一样，将万用表置于二极管挡位，测量发光二极管正反向电压。若正向导通电压有读数且不为0，反向电压无穷大，表明发光二极管是好的。不同颜色的发光二极管的正向导通电压是不一样的，红和黄的是2V左右，蓝、绿、白的是3 V左右，正常发光时额定电流约5～20 mA。表笔正向测量时，可看到发光二极管有发光现象。

如果是指针式万用表，测量发光二极管与普通二极管不同，需将万用表置于R×10 kΩ挡。若测正向电阻时，可以看到发光二级管微弱的发光现象，阻值约为几十千欧，反向电阻阻值约为几百千欧甚至是无穷大，不发光，表明发光二极管是好的。

4.5 三 极 管

三极管又称为双极性晶体三极管，内含两个PN结，按两个PN结组合方式不同分为NPN型三极管和PNP型三极管，对应的电路符号如图4-11所示。三极管是一种以小电流控制大电流的半导体器件，可用来对微弱信号进行放大和作为无触点开关。它具有结构牢固、寿命长、体积小的特点，在各个领域得到了广泛应用。

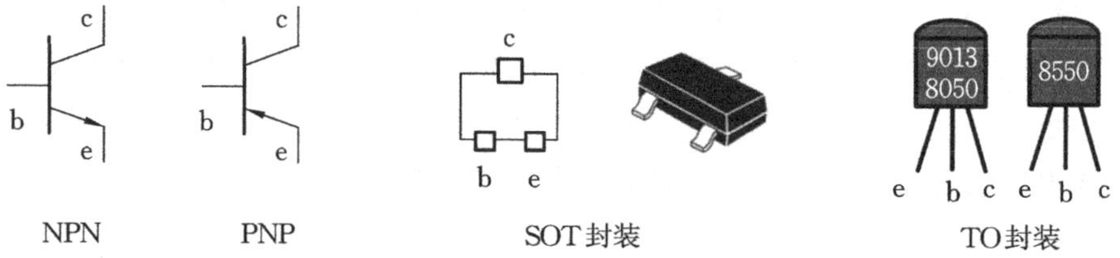

图4-11 三极管电路符号及引脚排列

4.5.1 三极管的识别

目前三极管种类较多，封装形式不一，引脚也有多种排列方式，其中“TO”和“SOT”形式的封装最常见。SOT(Small Outline Transistor)是一种表面贴装的封装形式，一般是引脚小于等于5个的小型晶体管。引脚排列规律为：面向标识，左边是基极，右边是发射极，集电极则在另外一侧(如图4-11所示)。TO(Transistor Outline)封装一般为直插式封装形式。引脚排列规律为：面向标识且引脚朝下时，从左往右依次是发射极、基极、集电极(如图4-11所示)。

注意：三极管引脚必须识别清楚后才能接入电路，否则会导致电路不能正常工作或是烧坏三极管以及其他电路。

4.5.2 三极管的检测

根据三极管的内部结构，我们可以通过检测三极管各极间PN结的好坏来判断三极管的好坏。

(1) 数字式万用表

与普通二极管测量方式一样，将万用表置于二极管挡位，测量各极间PN结的正反向电压。若正向导通电压有读数且不为 0，反向电压无穷大，表明三极管是好的。操作见表 4-5 所示。

(2) 指针式万用表

根据 PN 结的单向导电性，我们可以检测三极管内各极间 PN 结的正反向电阻，如果相差较大，说明三极管基本上是好的。如果正反向电阻都很大，说明三极管内部有断路或 PN 结性能不好；如果正反向电阻都很小，说明三极管极间短路或击穿了。测量各极间 PN 结的正反向电阻，可将万用表置于 R×1 kΩ 挡测量。操作见表 4-5 所示。

表 4-5　三极管的检测

	NPN 测量示意图	数字式万用表	指针式万用表
1	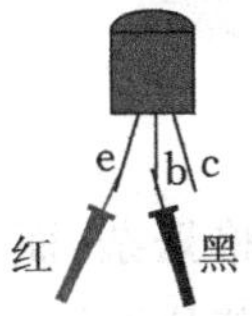	黑表笔接中间 b 脚上，红表笔分别接三极管的 e 与 c 脚，测的值为两个 PN 结的反向电压	黑表笔接中间 b 脚上，红表笔分别接三极管的 e 与 c 脚，三极管正向导通，阻值指示在几千欧姆
2	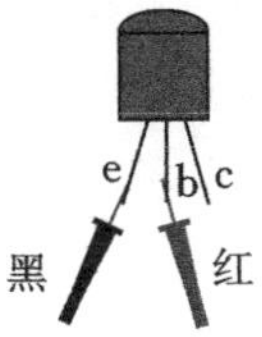	红表笔接中间 b 脚上，黑表笔分别接三极管的 e 与 c 脚，测的值为两个 PN 结的正向导通电压	红表笔接中间 b 脚上，黑表笔分别接三极管的 e 与 c 脚，三极管反向截止，阻值指示在数百千欧，甚至无穷大
	PNP 测量示意图	**数字式万用表**	**指针式万用表**
1	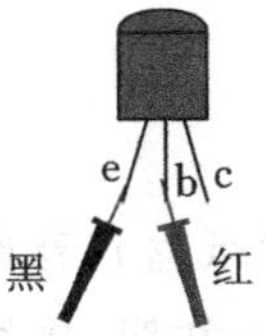	红表笔接中间 b 脚上，黑表笔分别接三极管的 e 与 c 脚，测的值为两个 PN 结的反向电压	红表笔接中间 b 脚上，黑表笔分别接三极管的 e 与 c 脚，三极管正向导通，阻值指示在几千欧姆
2	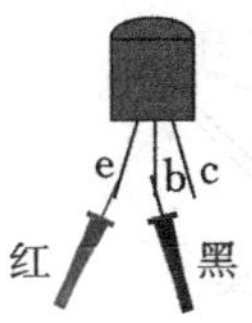	黑表笔接中间 b 脚上，红表笔分别接三极管的 e 与 c 脚，测的值为两个 PN 结的正向导通电压	黑表笔接中间 b 脚上，红表笔分别接三极管的 e 与 c 脚，三极管反向截止，阻值指示在数百千欧，甚至无穷大

4.6 集成芯片

集成芯片是基于集成电路技术制成的器件，采用一定的工艺，把一个电路中所需的晶体管、二极管、电阻、电容和电感等元件及布线互连一起，制作在一小块或几小块半导体晶片或介质基片上，然后封装在一个管壳内，成为具有所需电路功能的微型结构。集成芯片可以作为一个独立的整体应用在集成电路里。实物图如图4-12所示。

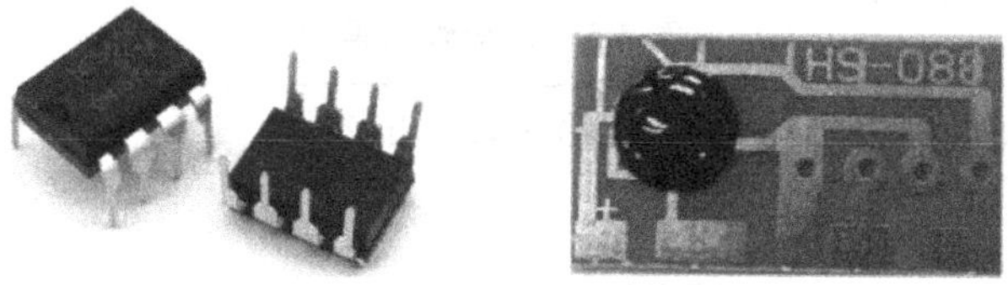

图4-12 集成芯片实物图

芯片由于使用环境、用途不同，以及生产历史等原因，型号规格繁杂，而且封装形式也多种多样。图4-12中555芯片是双列直插式的封装形式；但音乐芯片不同，采用的是软封装，也就是芯片上的黑色圆饼，当然市面上也有双列直插式或是晶体三极管外形的音乐芯片。

4.7 其他元件

4.7.1 电动式扬声器

(1) 电动式扬声器的结构与工作原理

电动式扬声器由三部分组成：①振动系统，包括振动膜（锥形纸盆）、音圈、定心支片；②磁路系统，包括磁铁、导磁柱（T铁）、导磁板；③辅助系统，包括盆架、接线板、导线、压边和防尘盖等。结构图如图4-13所示。

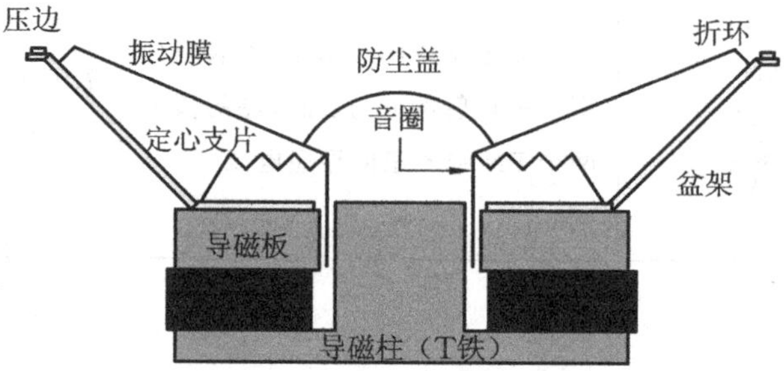

图4-13 电动式扬声器的结构

电动式扬声器采用通电导体作音圈，当音圈中输入一个音频电流信号时，音圈相当于一个载流导体。如果将它放在固定磁场里，根据载流导体在磁场中会受到力的作用而运动的原理，音圈会受到一个大小与音频电流成正比、方向随音频电流变化而变化的力。这样，音圈就会在磁场作用下产生振动，并带动振膜振动，振膜前后的空气也随之振动，这样就将电信号转换成声波向四周传播。

(2) 性能指标

1) 功率

扬声器的功率有标称功率和最大功率之分，其单位为 W。额定功率又称标称功率，是指扬声器能长时间正常连续工作而无明显失真的输入平均电功率。最大功率又称最大承载功率，是指扬声器长时间连续工作时所能承受的最大输入功率，一般为额定功率的 1～3 倍。

2) 额定阻抗

扬声器并不是一个纯电阻，而是一个复杂的阻抗。扬声器音圈既有阻抗值，也有感抗值。其阻抗值是随着工作频率(音频信号频率)的改变而变化的。这种规律即是扬声器的阻抗特性。

扬声器的额定阻抗也叫标称阻抗，是在共振峰后扬声器所呈现的最小阻抗，有 4 Ω、6 Ω、8 Ω、16 Ω 和 32 Ω 几种。额定阻抗并不等于扬声器音圈的直流电阻，通常前者为后者的 1.1 倍左右。在不知扬声器的额定阻抗时，可先用万用表测出其直流电阻值，再乘以 1.1 左右的系数，即可估算出扬声器的额定阻抗。

(3) 电动式扬声器的检测

将万用表置于电阻挡，看清扬声器上标注的极性，红表笔接正极输出金属片，黑表笔接负极输出金属片，如图 4-14 所示。万用表检测时所测的阻值为直流阻值，正常情况下应接近且小于标称阻抗。若所测阻值为零或者为无穷大，则说明扬声器已损坏，需要更换。

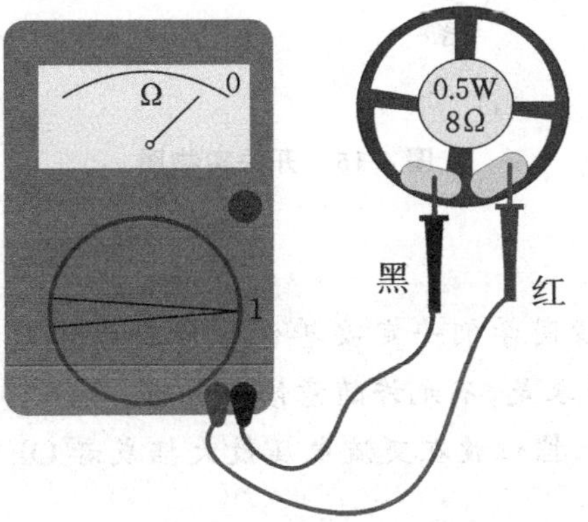

图 4-14　电动式扬声器的测量

此外，若扬声器内出现线圈粘连或卡死等情况，无法用万用表测量阻值来判别，必须试听音响效果才能判别。

(4) 注意事项

扬声器具有极性。扬声器的正极和负极在接线时需要正确连接，否则会影响声音的输出效果。在音响系统中，正确的极性连接可以提高声音的清晰度和音质；反之，错误的极性连接可能会导致声音模糊或失真。因此，在接线时需要注意扬声器的极性。

4.7.2 干电池

干电池是一种以糊状电解液来产生直流电的化学电池，它也是一次性电池，在日常生活中使用广泛。干电池具有自放电特性，自放电除与电池的内在因素有关外，还与环境温度、湿度有关。超过一定的储存期后，自放电会使电池的性能降低。因此在电路测试中，需先检测电池电压。对于低档的普通锌锰电池，长时间放置在电池盒中，可能会出现漏液情况，一般在不使用的时候需要将电池从电池盒中取出，单独存放。

一节 5 号干电池的额定电压为 1.5V，一般新电池的电压会略高于额定电压，开始使用后马上就会回落到这一值上，此后能在这一值上保持较长的时间。当低于该电压后，电池电压就会较快地下降，直至不能使用。

4.7.3 开关

开关主要是用来控制电路电源的通断，这里主要介绍实验室常用的单刀双掷开关，实物如图 4-15 所示。

(a)

(b)

图 4-15 开关实物图

强调

- 在分发元件时，请同学们一定妥善保管好自己的东西。测量时，需要记录各种测试数据，一定要实事求是，不允许随意修改数据。
- 万用表使用完后，挡位放在交流电压最大挡或者 OFF 挡，放回实验桌的抽屉。

章节测试

1. 色环电阻的最后一环是________。
2. 电容上标识 682,电容的容量为________。
3. 电感器的主要参数有________、________、________、________、________。
4. 测量红色发光二极管,数字式万用表应该用________挡。
5. 型号为 8550 三极管是________类型。
6. 测量电动式扬声器指针式万用表放在________挡。
7. 怎么识别电阻的第一环和最后一环?
8. 如何测量 100 μF 电容器的好坏?
9. 如何用万用表测量型号 8050 三极管的好坏?

第 5 章　电子产品装配与手工焊接工艺

学习目标

1. 了解焊接基本知识；
2. 能正确使用电烙铁，并按照五步法进行焊接；
3. 能检查焊点的质量，保证焊接的美观性；
4. 能对照电路图实现电路板的装配、焊接及拆焊等工作；
5. 能日常维护常用烙铁。

安全规范

1. 注意用电安全，提防烙铁产生的高热，避免触电及烫伤事故的发生；
2. 烙铁的放置应遵循“右插左放”原则，以便将其完全纳入视野观察范围；
3. 烙铁在不使用时，请及时断电；
4. 使用尖锐工具时，注意自身及周围同学安全。

5.1　电子产品装配工艺

电子产品装配工艺技术包括元器件引线的成型、焊接，导线的加工以及印制电路板的组装等。这些装配工艺的质量会直接影响到整个产品的装配质量。

5.1.1　元器件的插装方式

电子元器件种类繁多，其外形结构也多种多样，甚至同一类元器件，其外形结构也不尽相同。而且电子产品受体积或性能的限制和要求，对元器件的插装也有着不同的要求。

电子元器件的插装一般有卧式和立式两种方式，以电阻类器件为例，如图 5-1 所示：(a)图是卧式插装示例，(b)图是立式插装示例。通过对比可以看出，卧式插装需要的电路板面积较大，但是其电路高度较小；立式插装则可以在面积较小的电路板上完成电路的搭建，但其高度较大。在实际电子生产中，可根据产品需要选择不同的插装方式。

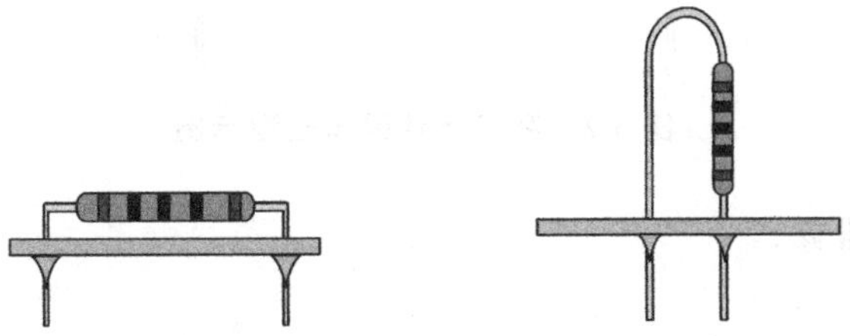

(a)　　　　(b)

图 5-1　电阻类元器件的两种插装方式

(a)电阻卧式插装；(b)电阻立式插装

元器件的插装除了影响电路板元器件的排列整齐美观外，更重要的是直接影响电路板元器件的安装质量，所以安插元器件有严格的要求。

(1) 元器件的插装应遵循先大后小、先低后高、先里后外的原则，这样有利于插装的顺利进行。

(2) 电阻元件卧式插装时，标记号应向上，且方向一致。功率小的可以贴近印制电路板平面插装，功率大的元器件距离印制电路板平面要有 2 mm，有助于元器件散热。

(3) 电容、三极管等元器件立式插装时，引脚不能保留太长，否则会降低元器件的稳定性；但也不能过短，以免焊接时因过热损坏元器件。一般距离电路板 2 mm，并且要注意电解电容的正负极性和三极管的引脚排列。

(4) 元器件在印制电路板上的插装应分布均匀、排列整齐美观，不能斜插、立体交叉和重叠排列。元器件外壳和引脚不能相碰，要留有一定的间距。

5.1.2　元器件的引脚成型要求

元器件的引脚加工成的形状，对印制电路板部件的质量和生产效率有着直接的影响。元器件引脚的预成型可以克服焊接时元件的脱落及浮焊，减少焊点的修整工时。因此，将元器件引脚进行预成型加工是很重要的一个工艺环节。

根据《元件成型机操作规程》，为确保成型后的引线跨距与印制板上的插装孔相匹配，安装高度符合散热要求，对于小功率卧式手工插件和手工焊接的元器件，其引脚一般应加工成如图 5-2 所示的形状。折弯点至元件体的长度应大于 1.5 mm，两条引脚折弯后应平行；器件距离电路板应大于 2 mm。

对于立式手工插件和手工焊接的元器件，其引脚一般应加工成如图 5-3 所示。需注意：R 应大于元件半径，r 应大于引脚直径的 2 倍。印有型号、规格等字符的部分应明显

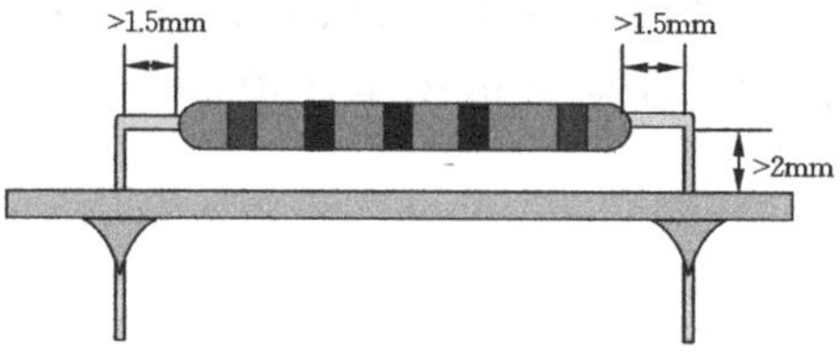

图 5-2 卧式元件引脚成型示例

可见，以便于检查和维修。

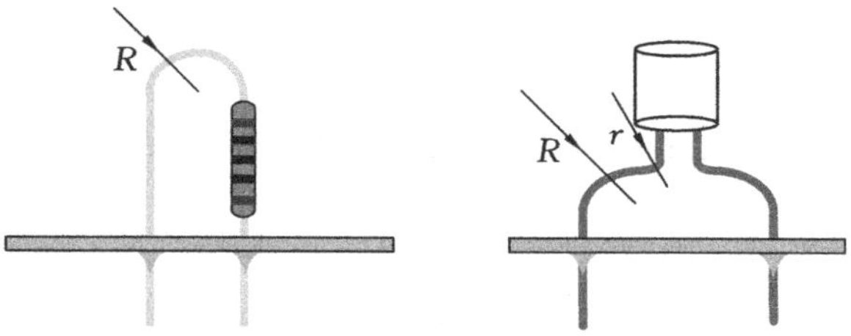

图 5-3 立式元件引脚成型示例

总而言之，在对元件进行成型时，需注意折弯尺寸，不得损伤元件的绝缘层，不得使引脚根部受力从而损伤元件引脚。元件成型后，其引脚不能再扳向另一个方向，以免降低其机械强度或折断引脚。必要时，可使用镊子、尖嘴钳等工具或成型机帮助引脚成型。

5.1.3 集成类元器件的插装

集成类器件通常是整个电路的核心部分。合理、正确地布置集成电路(IC)，是成功搭建整个电路的关键。集成电路通常有扁平、双列直插、单列直插等几种封装形式，正确的芯片安装方法如图 5-4(a)所示。在集成外壳上都设有供识别管脚排序定位的标记。

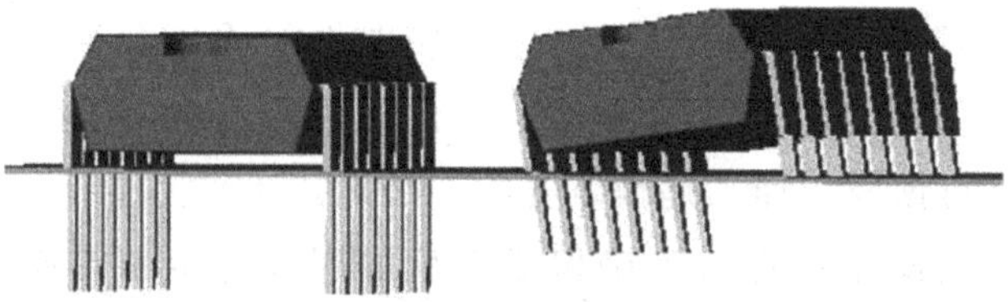

(a) (b)

图 5-4 芯片的安装

(a)芯片正确安装；(b)芯片不良安装

需要特别强调的是，在电子线路板的制作中，一般都是将芯片底座进行插装、焊接，芯片则插在底座上接入电路。这是因为，一旦芯片质量有损，可通过更换芯片来修整线路故障，而不需要费时费力地将其拆焊再重焊。

5.1.4 贴装元器件的工艺要求

贴装元器件应按照装配图和明细表的要求，准确地将元器件逐个拾放到印制电路板规定的目标位置上，这个目标位置一般是指 PCB 设计时每个元件的中心位置。

(1) 各装配位号元器件的类型、型号、标称值和极性等特征标记要符合装配图和明细表要求。

(2) 贴装好的元器件要完好无损。

(3) 贴装元器件焊端或引脚不小于 1/2 的厚度要浸入焊锡。

(4) 元器件的端头或引脚要和焊盘图形对齐、居中。

5.2 焊接常用材料

电烙铁是锡焊常用的基本工具。通电后，电烙铁将电能转换成热能，用以加热工件，融化焊锡，使焊锡附着在元器件、导线及电路板上，并将它们牢固地连接组成电路。因此，选择性能良好的焊料和助焊剂有助于提高焊接质量。

5.2.1 焊料

焊料是一种易熔金属及其合金，它能使元件引脚与电路板连接在一起，形成电气互连。焊料的选择对焊接质量有很大的影响，不仅要求焊料熔点低、流动性好，对元件和导线的附着力强，机械强度足够高，还要保证焊点光亮美观。焊锡丝一般由锡加入一定比例的铅和少量其他金属。在实际操作中，通常选用熔点低于 450 ℃的软锡铅焊料。

(1) 焊锡种类

常用焊锡按含锡量和杂质的化学成分分类，印制电路板的焊接一般使用 60Sn 或 63Sn。65Sn 常用于印制电路板的自动焊接。

(2) 焊锡的形状

一般手工焊接使用直径为 0.9～1.5 mm 的焊锡丝。如图 5-5 所示的焊料为常用管状焊锡丝，熔点为 183 ℃。

5.2.2 助焊剂

助焊剂的作用是去除引线和焊盘焊接面的氧化膜，在焊接加热时包围金属的表面，使之与空气隔绝，防止金属在加热时氧化，同时可降低焊锡的表面张力，有助于焊锡浸润焊件。由于电子设备的助焊剂应具有无腐蚀性、高绝缘性、长期稳定性、耐湿性以及无毒性。树脂系列的助焊剂以松香助焊剂使用最广，具体为图 5-6 所示。

图 5-5 焊料——焊锡丝

图 5-6 助焊剂——松香

5.3 手工焊接技术

焊接是连接各电子元件及导线的主要手段。焊接分为熔焊、钎焊及接触焊三大类，在电子装配中主要使用的是钎焊。

5.3.1 焊接准备

焊接准备

(1) 对焊件进行处理

一般情况下遇到的焊件都需要进行表面清理工作，去除焊接面上的锈迹、油污等影响焊接质量的杂质，焊接前需要用砂纸或小刀刮擦器件引脚，使其露出金属光泽。

(2) 清洁烙铁头

使用过的烙铁头因长期处于高温状态，表面很容易氧化并沾上黑色杂质，这些杂质会形成隔热层使烙铁头温度下降，从而达不到焊接温度。因此需要使用湿润海绵擦拭烙铁头并上锡。上锡的具体方法是：将电烙铁烧热，待刚刚能熔化焊锡时，涂上助焊剂，再用焊锡均匀地涂在烙铁头上，使烙铁头均匀地吃上一层锡。

(3) 焊锡丝的拿法

焊锡丝一般有两种拿法，如图 5-7 所示。锡丝中有一定比例的铅含量，铅是对人体有害的重金属，操作时应戴上手套或操作后洗手，避免入口。同样，为减少焊接过程挥发出来的化学物质吸入人体，鼻子应与烙铁保持不小于 20 cm 的距离，通常 30 cm 为宜。

(a)　　　　(b)

图 5-7　焊锡丝的拿法

(a)连续锡焊时焊锡丝的拿法；(b)断续锡焊时焊锡丝的拿法

5.3.2　手工焊接操作

手工焊接操作

(1) 五步法

手工焊接可分为五步，操作示意图如图 5-8 所示：

1) 准备施焊：首先对照电路图，在万用板上选取合适的位置将元器件进行装配，保持元器件引脚笔直且居于引线孔正中位置；电烙铁加热后，一手拿烙铁(烙铁头保持干净并上锡)，一手拿锡丝，处于可焊状态，如图 5-8(a)。

2) 加热焊盘及被焊件：将烙铁头移动置于引脚与焊盘形成的直角处加热，使得元件引脚与焊盘都均匀受热，时间不宜过长，如图 5-8(b)。

3) 加入焊锡丝：被焊件受热达到一定温度后，将左手捏握的锡丝从烙铁对面接触焊件，锡丝会熔化浸润焊盘与焊件引脚，如图 5-8(c)。

4) 移开焊锡丝：当焊盘与焊件引脚浸润了适量焊锡，迅速移开焊锡丝，如图 5-8(d)。

5) 移开电烙铁：当焊料扩散达到要求后，一般是焊点已光亮圆润，迅速移开电烙铁，整个焊接时间为 2～4s，如图 5-8(e)。

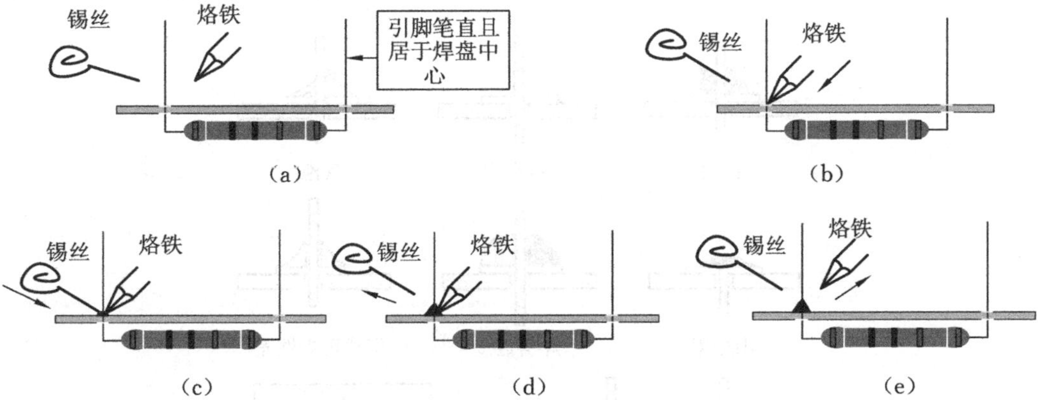

图 5-8　电子手工焊接步骤

(a)准备施焊；(b)加热焊盘及被焊件；(c)加入焊料；(d)移开焊料；(e)移开电烙铁

(2) 焊接注意事项

为保证焊接质量，在手工焊接时还应注意以下事项：

1）合适的温度。对小型电子元器件的焊接温度要适当，过热会使焊盘脱落，温度不够时容易产生虚焊。其中温度不够可能是因为烙铁头表面氧化形成了隔热层，应随时用湿海绵擦拭烙铁头，然后在烙铁头表面涂抹一层锡，延缓烙铁头氧化的时间。

2）加热时间适当。加温时间要短，一般焊接时间为 2～4 s。要灵活使用焊锡桥，焊锡桥就是在烙铁头表面保留少量锡作为加热时烙铁头与焊件之间传热的桥梁，因为金属的导热效率远高于空气，可以使焊件更快速被加热到焊接温度。注意焊锡桥保留的锡量不宜过多。

3）合适的用锡量。焊接时，过量的锡很容易造成短路，堆焊也可能造成虚焊；锡量不足会使焊件与焊点之间的连接不牢固，形成虚焊。焊料添加应适中，既不能过多，也不能太少。

4）焊接中当焊锡冷却凝固前不要触动焊点。用镊子夹住焊件焊接时，一定要等焊点凝固再移去镊子。否则焊点易发生变形，造成虚焊。

5）应及时清理焊接中掉落的锡渣，以防造成偶然短路。

(3) 焊点要求

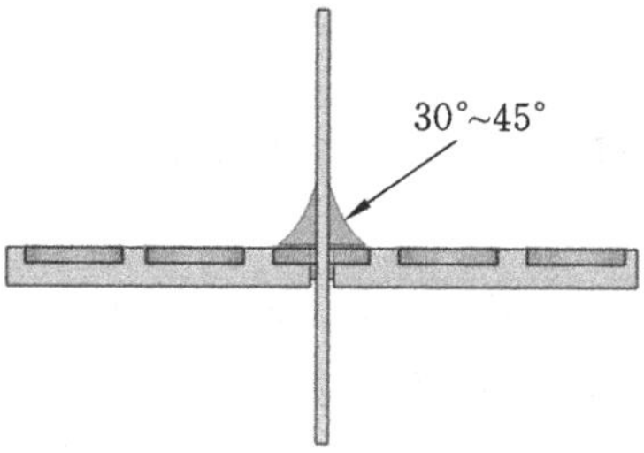

图 5-9 焊点示例图

一个良好的锡焊焊点如图 5-9 所示，应具备以下要求：

1）焊点应该有良好的电接触。

2）焊点要有足够的机械强度，以保证被焊件不脱落。

3）焊点表面光洁、美观。

但在实际焊接中，常常因为各种原因，例如被焊接表面处理不够干净，或焊盘及引线的可焊性差，焊接工艺不合适等引起焊接不良。图 5-10 中例举了几种常见的焊点缺陷。

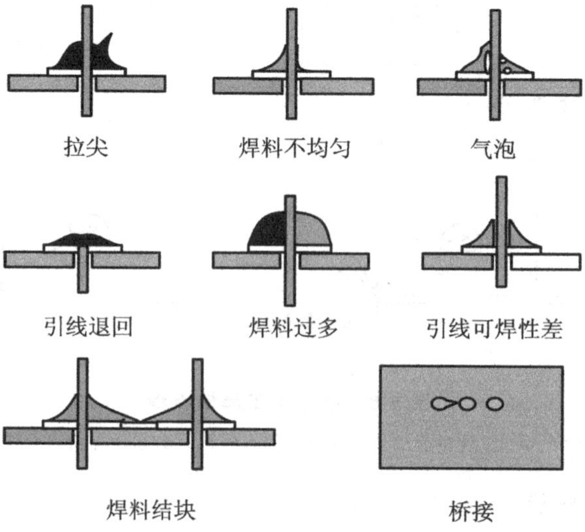

图 5-10 常见焊点缺陷

表5-1中针对常见的焊点缺陷，说明了其产生原因，并给出了相应的修正方法。在实际电子焊接操作中，还需要多练习、多体会。

表5-1 常见不良焊接及修正方法

序号	不良焊接现象	产生原因	修正方法
1	焊盘脱落	焊料温度过高或焊接时间过长	对焊接时间及温度进行工艺调整
2	焊点亚光色泽或发黑	焊料的加热时间过长	注意把握移开烙铁的时间
3	裂纹	焊料凝固时，元器件引脚产生位移	确保焊料凝固时，元器件引脚不发生变动
4	焊盘相连	1.焊盘表面不够干净； 2.电烙铁工作面过大	1.焊接时要注意保持焊盘表面的清洁。 2.抬高电烙铁，减小焊接时的接触面
5	焊点歪斜	1.元器件引脚倾斜； 2.移开电烙铁时拖动所致	1.装配元器件时应保证其引脚笔直且居于焊盘中心位置。 2.移开电烙铁时应果断
6	元器件引脚粘锡	移开电烙铁时向上拖行	移开电烙铁时应做到平移
7	焊点成球形或其他形状	焊料过多	注意双手的配合，把握准确的焊接时间
8	焊点拉尖	1.烙铁头表面不够洁净，沾锡量过大； 2.撤离烙铁时，过快或过慢； 3. 元件管脚氧化	控制好焊接时间与电烙铁移动速度

(4) 多余引脚的处理

通常，插件元件完成点焊接后，会在焊接面留下较长的引脚余量。为了后续电路制作的方便，需要将多余的引脚进行处理。一般来说，不能将元件多出来的引脚余量作为电路连接线使用。这是因为作为电路连接线使用时，一是需要考虑该线路上的电流/电压荷载，二是作为导线成型时有可能损坏元件本身。所以，电子焊接实操中会将元件引脚的余量进行剪除处理。

在剪除引脚时，首先应注意适当保留引脚长度。一般在剪除点焊接后的引脚时，不

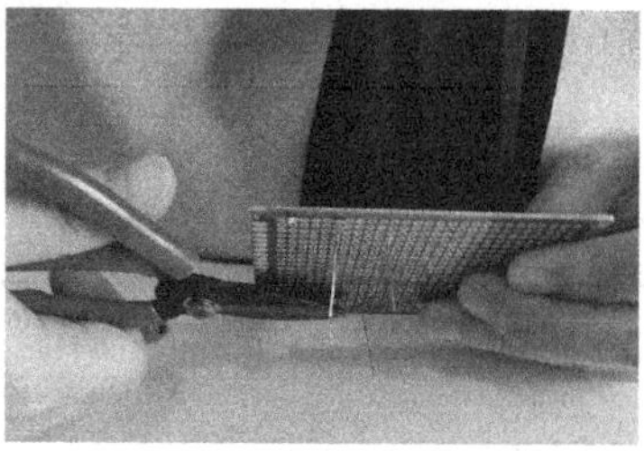

图 5-11 剪除多余引脚

可将其沿焊点顶端剪除。需在焊点顶端留出 1～2 mm 引脚，也可参照电路板上的集成元件引脚的高度。

其次，剪除引脚时还需注意引脚余料的飞溅方向。如图 5-11 所示，预留适当的引脚长度后，将剪刀比对在正确的剪除位置，此时需将剪除面朝向操作人员身体外侧(注意周边环境，切勿朝向他人)，并压向操作台桌面方可用力剪除。

5.3.3 导线焊接技术

电路板的制作离不开导线的连接，导线将电路板上的各个元器件按照电路原理或串联或并联，以实现电路功能。连接导线时，需尽量使导线布局均匀，横平竖直，避免交叉线、跳线等情况。

焊接导线时，一般采用带锡焊接法，通常分以下五个步骤：

(1) 将导线去皮捋直，即用剥线钳或者电工剪刀将导线外面的绝缘胶皮层去除，如图 5-12(a)所示。需要注意的是，去除了绝缘胶层的导线金属丝极容易弯折变形，因此在焊接导线的过程中，根据实际使用长度逐一剥线。

直线的焊接

(2) 将导线始端搪锡，即用电烙铁给导线的起始端涂抹上一点锡料，以便于后续焊接，如图 5-12(b)所示。

导线的处理

(a) (b)

图 5-12 导线的处理

(a)将导线去皮捋直；(b)将导线始端搪锡

拐点的焊接

(3) 导线起点焊接。首先在电路板起点的位置焊接一个焊点，将导线始端与焊点对齐并进行焊接，如图 5-13(a)所示。此时，电烙铁只需在贴合处进行点加热即可。遇热的锡料会融化在一起，移除烙铁后，稍一冷却，导线和焊点就牢牢地连接在一起。

(4) 导线转折处理。即借助工具(镊子)将导线进行直角成型。如图 5-13(b)所示，尖嘴镊子卡在转角的孔洞中，稍用力拉扯导线就可借助镊子进行直角转折，然后在转角处焊接焊点。

折线的处理

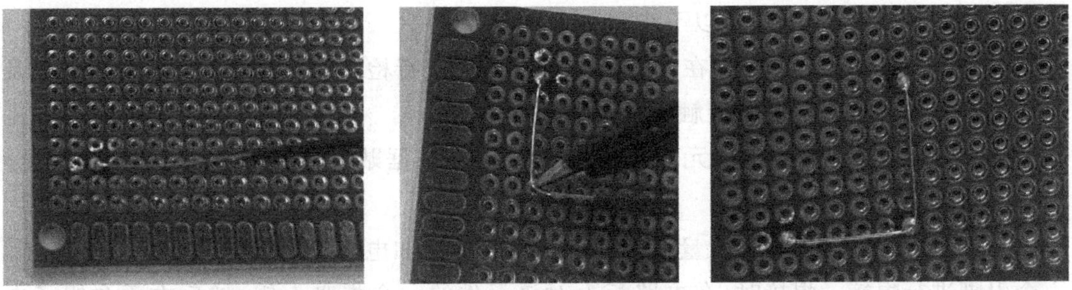

(a)　(b)　(c)

图 5-13　导线的焊接过程

(a)导线起点焊接;(b)导线转折处理;(c)导线尾端焊接

(5) 导线尾部焊接。确定需要焊接的导线长度后,可剪去尾部多余导线。然后先在电路板上终点处焊接焊点,然后使用镊子将导线尾端压进熔化的焊点处,如图 5-13(c)。注意需要等焊点冷却凝固后,再移开镊子。

如上操作完成后,从侧面观察焊点以及焊点之间的导线,将得到如 5-14 的视觉效果图。通过观察可以发现,连接良好的导线应当长度合理、顺直不弯曲、贴近板面且不跨行,尽量居于焊盘所在范围内。

图 5-14　焊点及导线效果图

5.3.4　贴片元件焊接技术

与直插(引线)元件相比,贴片元件具有以下优点:

第一,贴片元件体积小、重量轻,易于携带和保存。

第二,贴片元件较直插元件更易于焊接和拆卸。

第三,贴片元件提高了电路的稳定性和可靠性,提高了电路的制作成功率。

图 5-15 所示是一些常用的贴片元件。

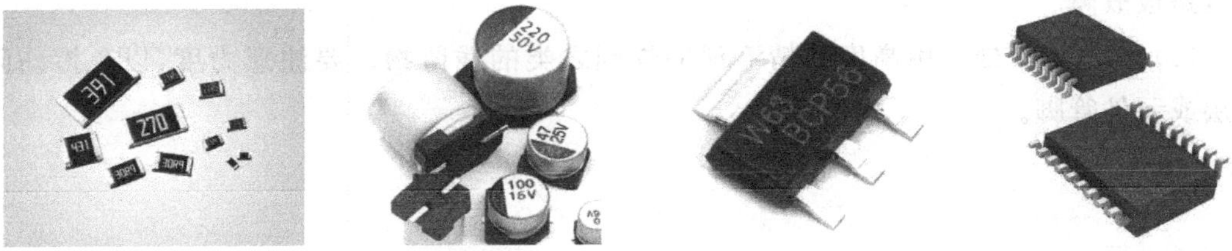

贴片电阻　贴片电容　贴片三极管　贴片集成电路

图 5-15　常见的贴片元件

焊接贴片元件时，应遵循以下步骤：

(1) 清洁和固定电路板。在焊接前应对电路板进行检查，清除其表面的油性手印及氧化物。特别注意避免手指接触焊盘以免影响上锡。

(2) 固定贴片元件。贴片元件的固定非常重要，根据贴片元件引脚的数量，大体可分为单脚固定法和多脚固定法。

单脚固定法适用于引脚数量为 2～5 个的元件，比如电阻、电容、三极管等，即先对其一个引脚进行焊接。焊接时，在电路板上对该元件的一个焊盘上锡，然后左手拿镊子夹持元件放置到安装位置，然后用镊子轻轻抵住元件，右手拿烙铁靠近已镀锡的焊盘，熔化焊锡固定该引脚。

多脚固定法多用于引脚较多的元件。即固定一个引脚后，再将该引脚对面的一个引脚进行焊接固定。一般来说，焊接的第一个引脚应位于贴片元件对角线的顶点处。如图 5-16 所示。需要注意的是引脚多且密集的贴片芯片，精准地对齐引脚尤为重要，焊接的质量都是由这个前提决定的。

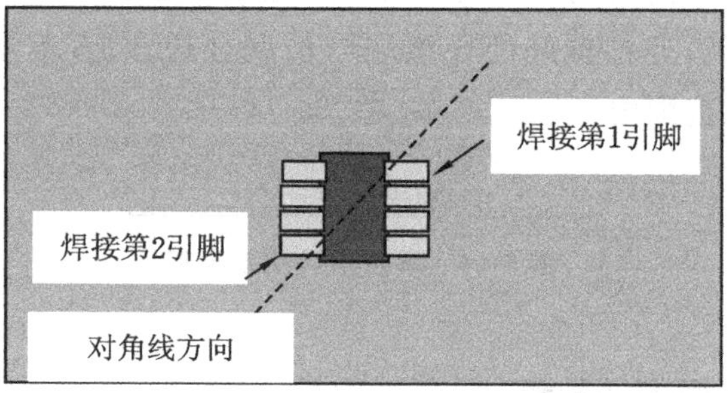

图 5-16　多引脚固定法

(3) 焊接剩余引脚。完成上一步骤后，对剩下引脚进行焊接，对于引脚少的元件，依次点焊就行；对于引脚多的元件，除了点焊以外，还可以选择拖焊。注意不管点焊还是拖焊都需要留心短路和虚焊的问题。

(4) 清除多余焊锡。由于贴片元件的体积较小，在焊接时，容易造成管脚短路。因此，在焊接过程中和完成焊接后，需要仔细检查焊接效果，及时将多余的焊锡清除掉，避免电路板故障。

(5) 清洗焊接处。用高度酒精清理助焊剂之类的残留物。要注意力度，以免擦伤阻焊层或元件管脚。

5.4　常用拆焊技术

在电路焊接或调试过程中，由于焊接错误或元件故障需要对元件进行更换。在更换元件时需要对元件进行拆焊，拆焊一定要注意方法，不当的拆焊可能会导致元件损坏或焊盘脱落等问题。拆焊技术是电路制作调试维修过程中必需掌握的内容。

5.4.1　拆焊工具

（1）吸锡器

吸锡器可分为手动和电动两种，在实验室通常使用手动吸锡器，外观如图 5-17 所示。该吸锡器为活塞式，将末端滑杆压入直至听见“咔”声，滑杆会固定住。按下中间按钮，滑杆弹出，借用活塞动作产生的空气负压力，可将熔化的焊点吸入吸锡器腔体，从而达到去锡的作用。

图 5-17　吸锡器

（2）镊子

拆焊用的镊子以端头尖细的最为适用，拆焊时可用它夹持元器件引线或用来挑起元器件弯脚和线头。

5.4.2　拆焊方法

（1）分点拆焊法

该方法适用于引脚数较少的元件（电阻电容等）或连接导线，这些器件只有两个焊点，先拆一端焊接点上元件的引脚，再拆另一端。具体操作如图 5-18 所示，在焊接面用电烙铁对拆焊点进行加热，当拆焊点的焊锡遇热熔化时，即刻用镊子稍用力向外侧撬起元件直至移除。

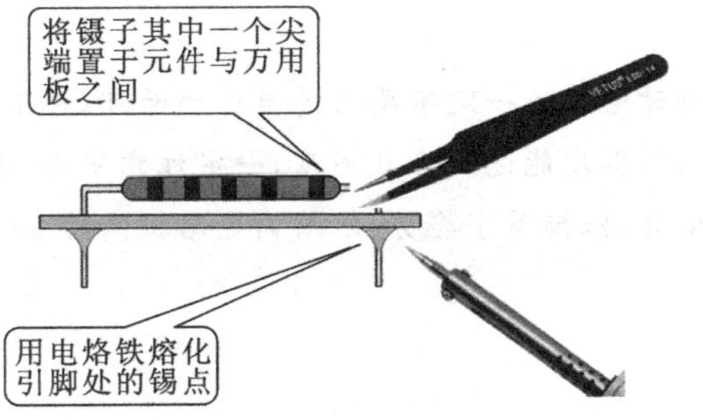

图 5-18　拆焊操作示意图

（2）集中拆焊法

对于集成电路或多引脚接插件，其特点是引脚数较多且密集，如采用分点拆焊方法，在实际操作中并不可行。集中拆焊法为先用烙铁和吸锡工具逐个将焊接点上的锡吸去，确定引脚与焊盘脱离后，就可取出元件。除此之外，还可使用专用烙铁头拆卸、空心针头拆卸法及简易拆卸法，如图 5-20 中所示。

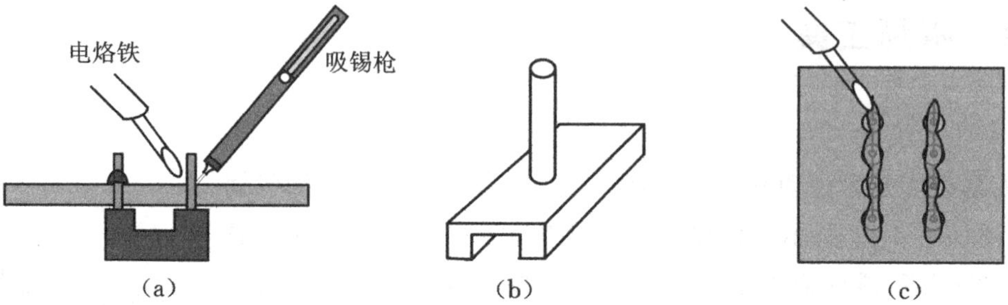

图 5-19 集成电路拆焊方法

(a)吸锡拆卸法；(b)专用烙铁头；(c)简易拆卸法

(3) 拆焊原则

如果待拆元器件完好，则应尽可能不损坏待拆元器件、导线及焊接部位的结构件；拆焊时不能损坏印制电路板上的焊盘和印制导线；如果元器件损坏，可采取先剪断元器件引线再拆除元器件的方法进行拆焊；拆焊要以不移动不损坏其他元器件为前提，如果必须移动其他元器件则在拆除完毕后应将其复原。

(4) 拆焊注意事项

(1) 拆焊时严格控制加热时间，若时间过长会造成电路板焊盘脱落，或元件损坏。

(2) 不能用力过大。在拆焊过程中不要强拉或扭转元器件，以免损伤电路板或其他元器件。

强调

- 修剪元件引脚时电路板一定不要对着自己的面部，也不要对准他人。
- 焊接时烙铁头的温度能达到 300 多度，一定注意安全，不要烫伤。
- 焊接时身体坐直，保持写字姿势，眼睛离电路板保持 30 cm 的距离。

章节测试

1. 集成电路通常有________、________、________等几种封装形式。
2. 焊锡丝里包含________、________两种物质。
3. 电烙铁在进行焊接时，其加热对象包括________和________。
4. 一个良好焊点的特点主要有哪几个？
5. 简述贴片元件的焊接步骤。

项目篇

第 6 章　基于 555 芯片的音乐盒电路设计与制作

学习目标

1. 学会正确识读电路原理图，分析其工作原理；
2. 能列出电路所需的电子元器件清单；
3. 学会使用仿真软件对电路进行仿真测试；
4. 学会使用 PCB 设计软件对电路进行布线设计；
5. 能使用锡焊工具装配焊接电路板；
6. 掌握测试电路板的方法，能正确使用仪表排查电路故障并维修。

安全规范

1. 注意用电安全，提防烙铁产生的高热，避免触电及烫伤事故的发生；
2. 烙铁的放置应遵循"右插左放"原则，以便将其完全纳入视野观察范围；
3. 烙铁在不使用时，请及时断电；
4. 使用尖锐工具时，注意自身及周围同学安全；
5. 使用仪表排查电路故障，牢记仪表使用注意事项。

6.1　项目原理

基于 555 的音乐盒电路有两个功能模块，一是灯光模块，使用 555 来控制 LED 闪烁；二是音乐模块，直接搭载音乐芯片来实现，其原理如图 6-1 所示。

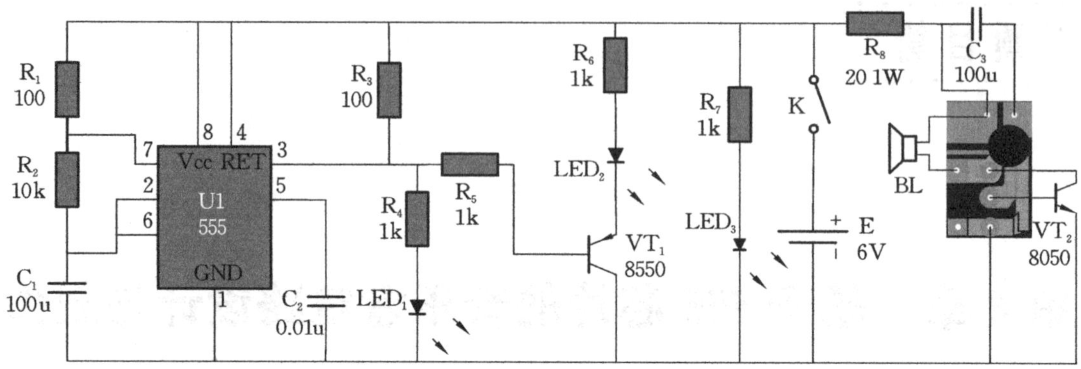

图 6-1　基于 555 的音乐盒电路原理图

6.1.1　灯光模块

图 6-1 中电源和开关串联这条线左侧部分的电路就是 555 控制的 LED 电路。其中三极管 VT_1 作为受控开关器件使用，电容 C_2 作保护滤波。

(1) 电路中开关闭合后，发光二极管 LED_3 亮；555 的 2 和 6 脚为低电平 0；输出端 3 脚为高电平 1，LED_1 亮；三极管 VT_1 截止，LED_2 灭；7 脚为高阻态。此时电容 C_1 为充电阶段。

(2) 随着时间的增长，电容 C_1 通过电阻 R_1、R_2 充电，2 和 6 脚电位升高，最终达到高电平 1；3 脚输出低电平 0；LED_3 常亮；LED_1 灭；三极管 VT_1 导通，LED_2 亮。此时 7 脚接地，电容 C_1 通过 7 脚开始放电，致使 2 和 6 脚电位降低。此时电容 C_2 为放电阶段。

(3) 随着时间的增长，电容 C_1 通过 7 脚放电，2 和 6 脚电位降低，最终达到低电平 0；输出端 3 脚变为高电平 1；7 脚变为高阻态，电容重新进入充电阶段，即重新进入(1)阶段。之后电路将在(1)和(2)之间进行循环。

6.1.2　音乐模块

图 6-1 中电源和开关串联这条线右侧部分的电路就是音乐模块电路。音乐电路使用了集成的音乐芯片，该芯片把一首歌的音符对应产生的音乐频率烧写到内部，需要加上电容、三极管等元件，即可驱动扬声器发声。其中，三极管 VT_2 作为音频信号放大器件使用，电容 C_3 作滤波使用。

6.2　核心芯片介绍

6.2.1　555 芯片

555 定时器是一种多用途的数字-模拟混合集成电路，利用它能极方便地构成施密特触发器、单稳态触发器和多谐振荡器。由于使用灵活、方便，所以 555 定时器在波形的产生与交换、测量与控制、家用电器、电子玩具等许多领域中都得到了广泛应用。标准的 555 芯片集成有 25 个晶体管，2 个二极管和 15 个电阻，并通过 8 个引脚引出，内部电路结构如图 6-2 所示。

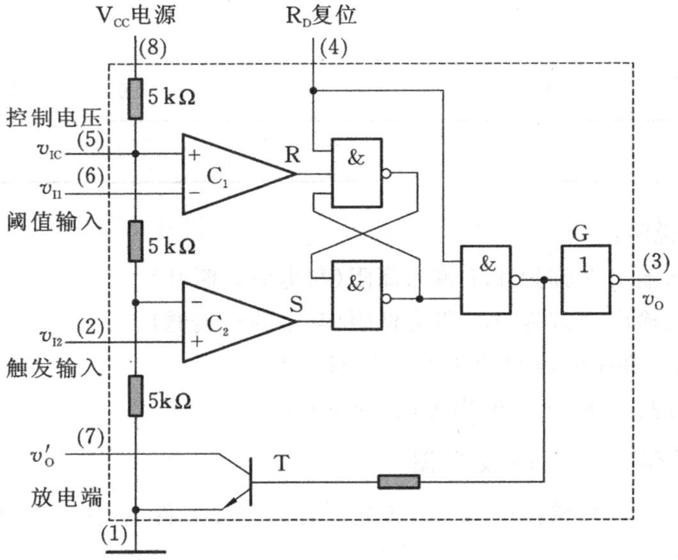

图 6-2　NE555 芯片内部结构图

(1) 555 芯片及其引脚

常见的 555 芯片采用 DIP-8 封装方式，构成双列直排。芯片背部印有型号，并常伴有圆点或半圆形的缺口作为定位标识。芯片的 8 个引脚按照“U ”字形顺序排列，左上角起为 1 引脚，右上角终止为 8 引脚，如图 6-3 所示。

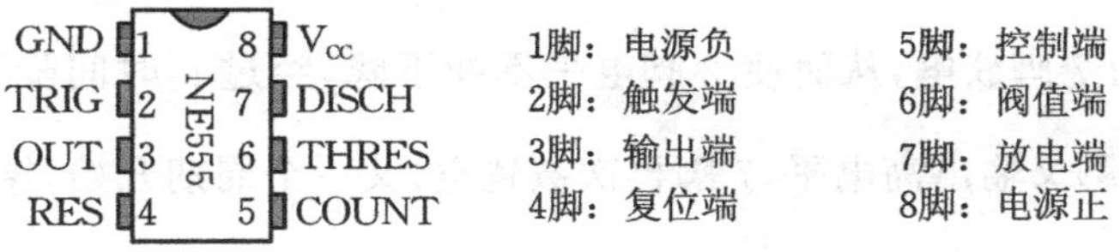

图 6-3　555 芯片及引脚功能说明

(2) 555 真值表

555 的 8 脚是集成电路工作电压输入端，以 V_{cc} 表示。将电位 $U<\frac{1}{3}V_{cc}$、$U>\frac{1}{3}V_{cc}$ 分别视为 2 脚的“0”和“1”电位，将 $U<\frac{2}{3}V_{cc}$ 和 $U>\frac{2}{3}V_{cc}$ 分别视为 6 脚的“0”和“1”电位，555 真值表见表 6-1。

表 6-1　555 真值表

2 脚	6 脚	4 脚	输出 3 脚	放电端 7 脚
0	0	1	1	断
1	0	1	1	断
1	1	1	0	通
1	0	1	0	通
*	*	0	0	通

555 真值表说明：

1) 2 脚为 0，输出 3 脚为 1，7 脚为高阻（与电源负断开）。

2) 6 脚为 1，输出 3 脚为 0，7 脚为低阻（与电源负连通）。

3) 2、6 脚电位在中间段时，3 脚保持原状态不变。

4) 在任何时候，4 脚为 0，输出为低（强制复位）。

(3) 555 多谐振荡电路波形图

如图 6-4(a)所示，多谐振荡器由 555 定时器和外接元件 R_1、R_2、C_1、C_2 组成，电容 C_1 在 $\frac{1}{3}V_{cc}$ 和 $\frac{2}{3}V_{cc}$ 之间充电和放电，从而输出一系列的矩形波，波形如图 6-4(b)所示。

该电路初次通电时，因电容 C_1 两端电压不能突变，故 2 脚电位为低电平，555 时基电路置位，3 脚输出高电平，内部放电管截止，7 脚被悬空。此时正电源通过电阻 R_1 和 R_2 给电容 C_1 充电，使 C_1 两端电压不断升高，经时间 t_1 后，C_1 正极电压即 6 脚电位升至 $\frac{2}{3}V_{cc}$ 后，555 时基电位复位，3 脚输出低电平，同时放电管导通，7 脚也为低电平，电容 C_1 存储的电荷通过 R_2 向 7 脚放电，从而使 2 脚电平不断下降，经过 t_2 时间降至 $\frac{1}{3}V_{cc}$，555 时基电路再次置位，3 脚又输出高电平，7 脚再次被置空，又一个周期开始，循环往复。

C_1 充电过程中，电压在电源 $\frac{1}{3}V_{cc}\sim\frac{1}{3}V_{cc}$ 之间变化，故 3 脚输出高电平的时间为

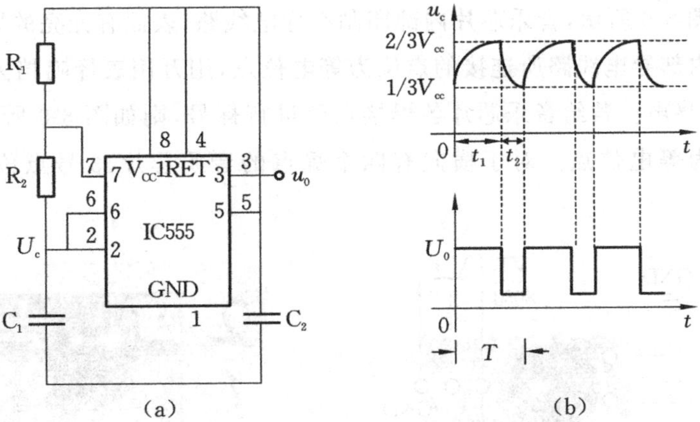

图 6-4　555 多谐振电路与波形

(a)555 多谐振荡电路；(b)555 振荡电路波形

$$t_1 = -(R_1 + R_2)C_1\ln\left(\frac{V_{cc} - 2V_{cc}/3}{V_{cc} - V_{cc}/3}\right)$$

$$= (R_1 + R_2)C_1\ln 2 \approx 0.693(R_1 + R_2)C_1$$

3 脚输出低电平的时间为

$$t_2 = 0.693R_2C_1$$

振荡重复周期为

$$T = t_1 + t_2 = 0.693(R_1 + 2R_2)C_1$$

振荡频率为

$$f = \frac{1}{T} \approx \frac{1.44}{(R_1 + 2R_2)C_1}$$

输出脉冲的占空比为

$$D = \frac{t_1}{T} \approx \frac{R_1 + R_2}{R_1 + 2R_2}$$

6.2.2　音乐芯片

音乐芯片是一种比较简单的语音电路，它通过内部的振荡电路，再外接少量分立元件，就能产生各种音乐信号。目前广泛用于音乐卡、电子玩具、电子钟、电子门铃、家用电器等场合。

如图 6-5 所示，图中的音乐芯片为单曲芯片，是一块印刷电路板(PCB 板)，尺寸大小约为 20 mm×10 mm，采用 COB 黑膏软封装。芯片上预留的开孔用来连接电容和三极管，黑色圆点区域即为软封装的音乐包。因此，该音乐芯片的曲目在封装完成后不可再更改。

如图 6-5、图 6-6 所示，音乐芯片内部印制有导电线路，表面有光亮的导电金属面可供焊接和检测。内部导电线路所连接的点位为等电位点，用万用表蜂鸣挡去检测两等电位点，可以听到蜂鸣声。若给音乐芯片各焊接点位进行标号，则如图 6-6 所示，左上角和右侧的焊接点位为等电位点。对于横向有四个焊点的音乐芯片，3 号点位也有一个等电位点。

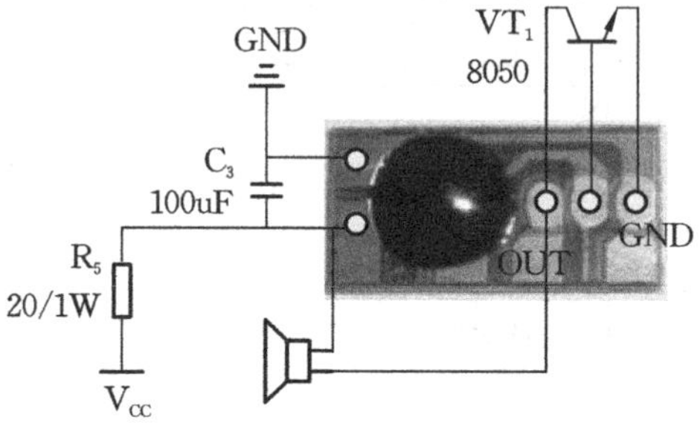

图 6-5　音乐芯片与外接电路

图 6-6　音乐芯片内部等电位点

音乐芯片的电源电压一般 3 V 就可以了，但是 555 控制 LED 电路的电源电压需要 6 V，所以图 6-5 的音乐电路是串联了 20 Ω/1 W 的电阻再接入 6 V 电源的。焊接时注意电烙铁不要烫伤音乐包。

6.3　计算机辅助设计

6.3.1　电路仿真

使用 Multisim 仿真软件对电路图进行仿真。由于图中音乐芯片在 Multisim 元件库中没有相似的器件代替，只要求仿真 555 控制 LED 电路部分。

在示波器中观察 555 芯片 2/6 脚和 3 脚处的电压波形，与书上 555 芯片多谐振荡电路波形进行观察对比。在表 6-2 中记录 555 芯片 8 个引脚处的电压值或电压变化范围，与实物测量的数据进行观察对比。

表 6-2　555 芯片引脚电压记录

555 管脚	1 脚电位	2 脚电位	3 脚电位	4 脚电位	5 脚电位	6 脚电位	7 脚电位	8 脚电位
电压								

观察各 LED 灯的现象，并记录在表 6-3 中。

表 6-3　LED 灯状态记录

555 芯片 3 脚输出	LED_1 状态(亮/灭)	LED_2 状态(亮/灭)	LED_3 状态(亮/灭)
高电平________V			
低电平________V			

6.3.2　电路板设计

电路原理图实际不能直接作为图纸进行电路板制作，当确认电路仿真现象、数据与理论相一致时，方可进入到电路板设计。

6.4　主电路板制作

6.4.1　元件清单及参数测量

制作基于 555 的音乐盒电路需要用到电阻、电容、二极管和三极管等多种电子元器件。各元器件具体型号及数量如表 6-4 所示。

表 6-4　555 控制 LED 与音乐电路所需元器件清单

序号	元器件	数量	备注	序号	元器件	数量	备注
1	元件收纳袋	1		14	LED 白灯	1	
2	万用板	1		15	LED 红灯	2	
3	555 芯片	1		16	扬声器	1	
4	8 脚芯片座	1		17	排针	—	
5	音乐芯片	1		18	电池盒	1	
6	电阻 100 Ω	2		19	电池	4	
7	电阻 1 kΩ	4		20	开关	1	
8	电阻 10 kΩ	1		21	杜邦线	—	
9	电阻 20 Ω	1		22	导线	—	
10	电容 100μ	2		23	焊锡丝	—	

续表6-4

序号	元器件	数量	备注	序号	元器件	数量	备注
11	电容 103	1		24	杜邦簧片	—	
12	三极管 8550	1		25	热缩套管	—	
13	三极管 8050	1		26	螺母螺柱	4 对	

取得相关元器件后，需要对元器件进行辨识和测量，以判断其是否适用。元件的测量参数和适用判断可填入表 6-5。

表 6-5 元件参数测量与记录

序号	位号	标称值	允许误差	测量值	实际误差	适用判断
1	R1	100 Ω	5%	99 Ω	1%	√

注：1. 此表第一行是以电阻 R1 为例，其他元器件可参照。

2. 根据元器件实际种类和数量，该表在填写时可自行调整。

6.4.2 电路板装配

严格按照绘制的 PCB 图纸进行电路安装。其中 LED 灯、开关 K、电源 E、喇叭 BL 将作为外围可插拔元器件进行制作，在主电路板上用插针占位（注意：插针装配焊接时，短针插入电路板并进行焊接，长针留在外面对外接元件进行插接，如图 6-7 所示）；U_1 用 8 脚芯片座进行装配焊接。

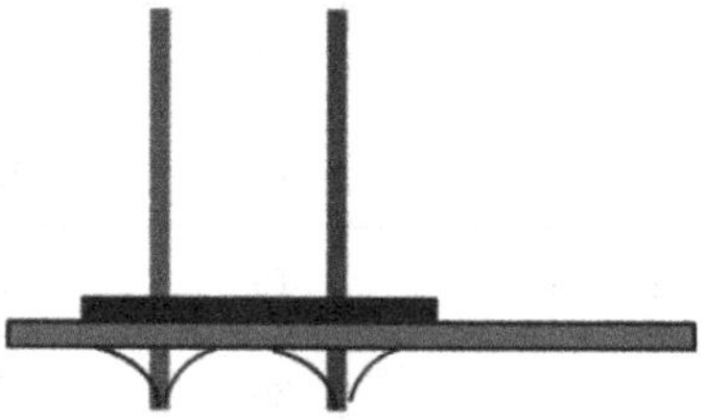

图 6-7 插针插装焊接方向

装配注意事项：

(1) 先在电路板上选取定位元件，一般取核心部件(U1)为定位点。

(2) 装配时建议遵循元件“由矮到高”的顺序进行固定。

（3）该实习项目中的制作难点在于音乐芯片部分的装配及焊接。仔细观察图 6-6、图 6-8 可以发现，音乐芯片是放置于万用板上方，通过 C_3 和 VT_2 的五个引脚达到固定并接入电路的。实际中，音乐芯片上的开孔与万用板上的开孔并非工整对应。因此，在装配环节，需要将 C_3 和 VT_2 先穿过音乐芯片后，再装配到万用板上，这个过程需要对元件引脚实施微调。所以，音乐芯片部分需将两个元器件完全装配妥当后方可开始焊接。注意装配时，C_3 和 VT_2 不要插到底，需要留出一定高度。

6.4.3　主电路板焊接制作

（1）所有焊点形状大小合适，颜色光亮。

（2）连接导线应横平竖直，紧贴着电路板放置，无跳线、无斜线，转角为 90°弯折且在长转角处加固定焊点。

（3）装配妥当后，音乐芯片和万用板贴合紧密可视为一个操作平台。注意：此时音乐芯片上的 C_3 和 VT_2 需要进行“双面焊接”。即如图 6-8 所示，音乐芯片正面用于插装 C_3 和 VT_2 的五个焊点需要焊接固定，同时穿插到主电路板反面的五个引脚也需要焊接固定。对于音乐芯片面上的焊接尤其需要注意，各元件引脚都应预留一定高度，以方便焊接操作；将音乐芯片表面焊盘处进行轻轻打磨，去除表面油膜方便焊接；各焊点应牢固，且相互不得粘连，如图 6-8 所示。

音乐芯片双面焊接

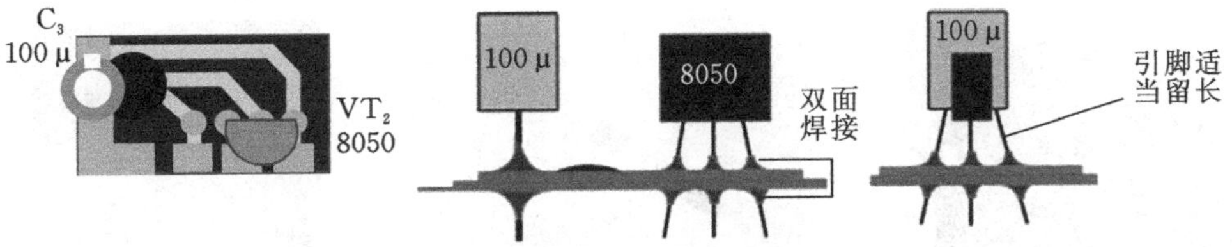

图 6-8　音乐芯片上电容三极管装配焊接三视图

6.5　电路板外围电路的设计制作

6.5.1　制作杜邦接口

外设电路制作

利用杜邦簧片和热缩管一起制作可插拔连接口，如图 6-9 所示。制作完成的连接口即可与排针配套使用。具体制作步骤如下：

(1) 将导线端头做去皮处理并镀锡，之后将其向后弯折 180°，如图 6-9(a)所示。

(2) 认识杜邦簧片，其中半敞开的三角形的上、下片及长方形耳片用来包夹导线，起固定作用；另一端的空心簧片是用来插入插针的连接口，注意不要被堵塞。如图 6-9(b)所示。

(3) 将处理后的金属线头伸向杜邦簧片卡槽压紧，再用尖嘴钳或剪刀将上、下片及耳片依次压紧以固定，如图 6-9(c)所示。

(4) 如图 6-19(d)所示，使用万用表的蜂鸣挡，检测杜邦接头是否拥有良好电气连接。若制作良好，应听到蜂鸣声。

(5) 将热缩套管剪出一段(长度约 15 mm)套在杜邦簧片上，将杜邦簧片完全包裹住。再用烙铁头侧面靠近热缩套管表面，围绕热缩套管进行均匀加热，直至热缩套管全部收缩套紧。最后用剪刀修剪套管端口，使得开口与簧片开口平齐。如图 6-19(e)、(f)所示。

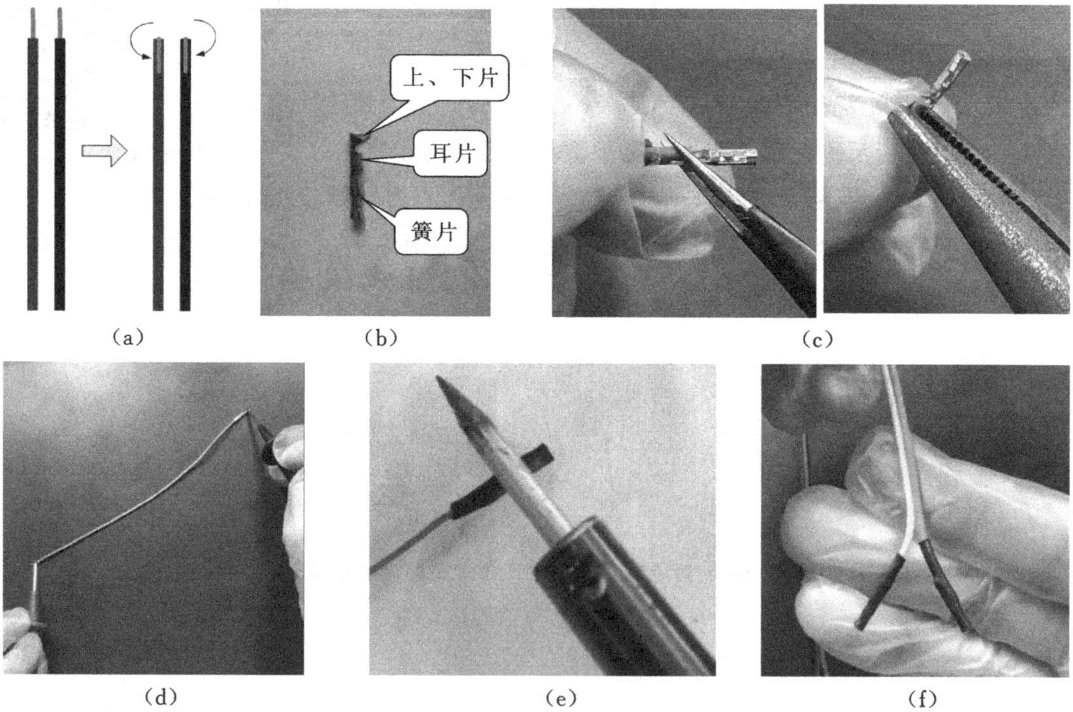

图 6-9 用杜邦簧片和热缩管制作接口

(a)导线端头的处理；(b)杜邦簧片；(c)杜邦簧片和导线制作杜邦接口；

(d)检测杜邦接头；(d)进行绝缘处理；(e)处理完毕后的接口

6.5.2 制作外接开关

开关需要能在产品外壳上进行操作，因此需要制作成外接器件，利用杜邦线和杜邦接口连接至电路板上。杜邦线一端按照上文制作好杜邦接头，另一端与开关进行焊接固定即可。详细步骤如下：

（1）认识开关，图 6-10(a)中为单刀双掷开关，拥有三个引脚。中间引脚为刀口，两侧为左右端口。在连接线路时，需要选用中间引脚和某一侧引脚进行焊接。

（2）选用两根杜邦线，一端做好杜邦接头。另一端做剥线、上锡处理，套上热缩套管，如图 6-10(b)所示。

（3）开关的引脚也做镀锡处理，将杜邦线头与开关引脚焊接固定，如图 6-10(b)所示。

（4）将热缩套管向上推移，包裹住引脚焊接处，并用电烙铁加热固定住，如图 6-10(c)、(d)所示。

(a)　(b)　(c)　(d)

图 6-10　制作外接开关

(a)单刀双掷开关；(b)杜邦线头上锡、套管、焊接；(c)包裹热缩套；(d)外接开关制作完成

6.5.3　制作外接喇叭

喇叭需要固定在产品外壳上来让声音顺利传出，因此需要制作成外接器件，利用杜邦线和杜邦接口连接至电路板上。杜邦线一端按照上文制作好杜邦接头，另一端与喇叭进行焊接固定即可。详细步骤如下：

（1）认识喇叭，图 6-11(a)中为喇叭，背面拥有可焊接的金属区域。靠近中间部位有两块金属锡，里面埋有音圈线，焊接的时候要避开此处。

（2）选用两根杜邦线，一端做好杜邦接头，另一端做剥线、上锡处理。将喇叭背面金属区域的外侧焊上两块金属锡，如图 6-11(b)所示。

（3）将导线头与喇叭焊锡焊处焊接在一起，如图 6-11(b)所示。

（4）将喇叭与杜邦线接头的金属裸露区域以及活动区域用热熔胶枪进行打胶固定，如图 6-11(c)所示。

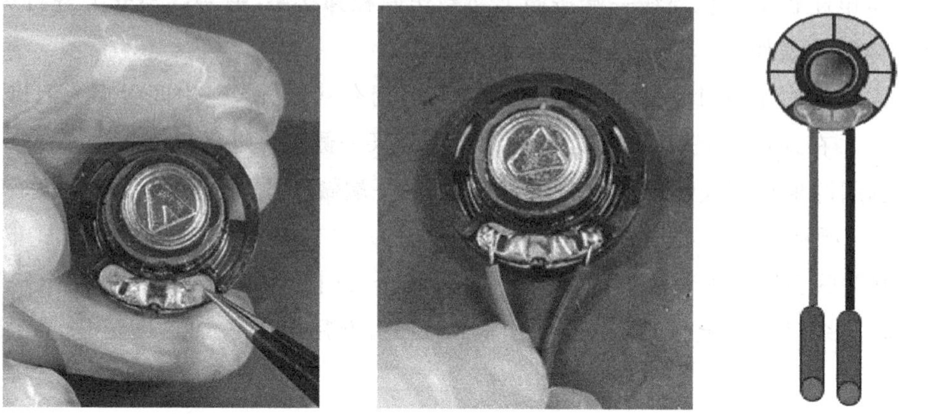

(a) (b) (c)

图 6-11 制作外接喇叭

(a)喇叭;(b)喇叭与杜邦线的连接;(c)打胶固定

6.5.4 制作外接电池盒

电池盒尺寸较大,通常需要固定在产品内的电池仓处,因此需要制作成外接器件。通常电池盒自带软导线,将导线端头按上文步骤制作成杜邦接头即可。如图 6-12 所示。

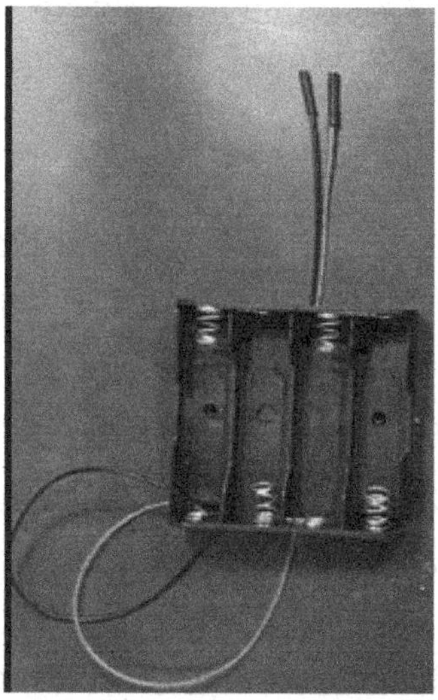

图 6-12 制作外接电池盒

6.6　电路调试

6.6.1　不带电检测

（1）电池盒检测。如图 6-13 所示，将制作好的电池盒插入插针上（注意应插在长针一头），使用万用表蜂鸣挡进行通断检测。表笔一端点在插入插针的短头侧，另一端点在导线连接的元件金属处。若插接良好，则会听到蜂鸣声。

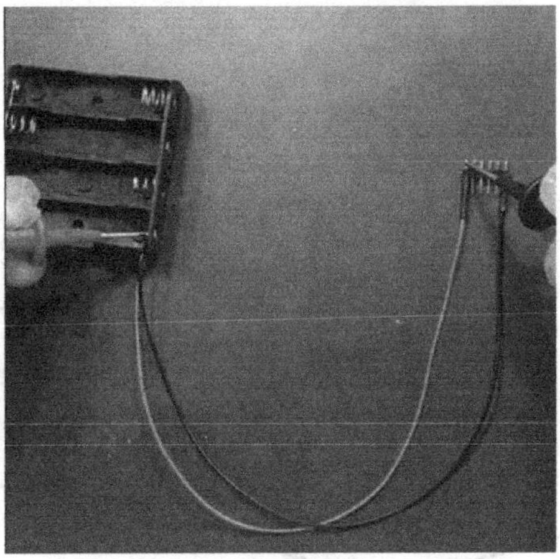

图 6-13　检测外接元件

（2）目测。对应装配图检查电路板顶层：是否有元件缺失；元件型号以及数值是否放错；有极性元件的极性装配是否正确；三极管是否插装正确等。对应焊接设计图，检查是否有线路遗漏。

（3）测导通。使用万用表蜂鸣挡，依次对焊接面的每一条线路上的等电位点进行通断检查。若焊接良好，则检测同一条焊接线路上的任意两个焊点都应该能听到蜂鸣声。

（4）测断开。使用万用表蜂鸣挡，依次对焊接面的每一个非等电位的焊点进行通断检查。若焊接良好，则检测任意两个非等电位的焊点都不能听到蜂鸣声（例如：检测 555 芯片的 1，2 引脚，不应该听到蜂鸣声）。

6.6.2　带电检测

（1）将所有外接元件插装到主电路板，并装上电池，打开开关上电。观察电路板现象并进行记录在表 6-6 中。

表 6-6　电路通电后的现象

LED_1	LED_2	LED_3	扬声器

（2）如图 6-14 使用万用表的直流电压挡（DC），对电路中各关键点位进行检测。将黑表笔放在电源负极所连接的等电位点上保持不动，即以电池负极为标准零位。移动红表笔，将红表笔点在需要测量的点位，并记录各点位电压值、电压变化等信息，分别记录在表 6-7、表 6-8 中。

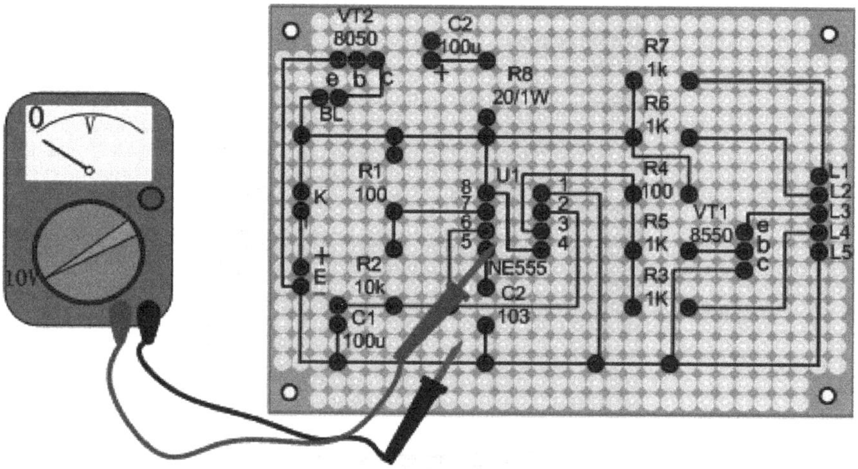

图 6-14　万用表检测主电路板

表 6-7　555 管脚电压值

555 管脚	1 脚电位	2 脚电位	3 脚电位	4 脚电位	5 脚电位	6 脚电位	7 脚电位	8 脚电位
电压								

表 6-8　音乐芯片上元件电压值

音乐芯片上电容电位	电容正极	电容负极	音乐芯片上三极管电位	e	b	c

6.7　电路常见故障维修

常用的故障排查的方法有：

（1）同类对比法：指将待检的电路板与同类型号的、能正常工作的电子设备进行比较、对照的一种方法。

（2）更新替换法：是一种将正常的元件、器件或部件，去替换被检设备系统或电路中的相关元件、器件或部件，以确定被检设备故障元件、器件或部件的一种方法。

（3）参数测试法：就是运用仪器仪表，测试电子设备电路中的电压值、电流值、元件数值 、器件参数等的一种电子设备故障检查方法。

（4）直觉检查法：这种方法是指在不采用任何仪器设备、不焊动任何电路元器件的情况下，凭人的直觉以视觉、嗅觉、听觉和触觉来检查待修电路板故障所在的一种方法。

学生常见的故障现象有以下几种，可以参照表 6-9 进行测量检查。

（1）电源指示灯 LED_3 不亮、没有音乐：检查电源。

（2）LED_3 亮，LED_1、LED_2 不能进行循环交替闪烁：检查 555 芯片 8 个脚电压，并与仿真值对比分析。

（3）LED_1、LED_2 同亮同灭：检查 VT_1 三极管型号是否用错。

（4）LED_1 或 LED_2 能正常闪烁，但 LED_3 不亮：检查 LED 正负极是否插错。

（5）音乐不正常：借用同学的喇叭替换观察，或检查音乐芯片上的正负极、VT_2 的电压。

表 6-9　555 控制 LED 与音乐电路参考电位与常见故障

测量位置	正常情况	故障现象	原因说明
电源	6V 左右	指针在左侧没有摆动	1.电源与电源接口没有连接好。 2.如果电源连接没有问题，指针还在左边的 0 位，这时要检查一下电源的正负极是否短路。（可以借用同学的电池盒进行替换观察）
555 的 1 脚	0V	测量 1 脚时，万用表的指针有一个小幅度的偏转	检查 1 脚与电源负极之间的连接
8 脚	6V 左右	电压过低	检查 8 脚与电源正极之间的连接是否良好

续表6-9

测量位置	正常情况	故障现象	原因说明
2、6 脚	动态电位	电位低，无摆动	检查电容有无短路、有无接反，有无连接不良的情况
		电位高，无摆动	检查 555 芯片是否插好、555 芯片是否完好，7 脚与电路是否接触良好
		有微小摆动	检查电阻 R_1 与 R_2 是否接反
4 脚	6V 左右	电压过低	4 脚是否忘记与 8 脚连接
7 脚	动态电位，略高于 2 和 6 脚	无摆动，发光二极管只亮灭一次	7 脚与电路是否接触良好
		电压低	检查电阻 R_1 与 R_2 是否接反
5 脚	4V	此脚错误的较少	
3 脚	大角度的动态电位	以上引脚电位正确，3 脚电位自然就正常了	
VT_1 三极管	交替往复闪烁	LED_1 与 LED_2 同时亮灭	检查三极管的型号是否用错
音乐芯片正负极	音乐芯片正极电压约为 3～4V，负极为 0V	没有声音	电容的两个管脚与音乐芯片的正负极焊盘没有焊好，接触不良，电压没有加在音乐芯片电路上
VT_2 三极管	三极管 e 脚电位为 0V，b 脚电位 0.5～0.7V，c 脚电位 3V 左右	没有声音	检查三极管三个管脚与音乐芯片焊盘之间的焊接点是否焊接良好

强调

• 观察原理图上元件引脚之间的连接关系的多种表达方式。

• 音乐芯片上的焊盘要用小刀或细砂纸刮擦一下，立在上面的电容和三级管一定要双面焊接。

• 调试电路板时无论现象对错，都必须测量数据，务必认真分析数据并排查故障。

章节测试

1. NE555芯片3号脚是________,8号脚是________。
2. 音乐芯片上所接三极管型号是________,其作用是________。
3. 音乐芯片上的 C_3 和 VT_1 需要________焊接。
4. 如果 LED_1、LED_2 不能正常交替闪烁,能听到正常的音乐吗?

第 7 章　家庭配电线路

学习目标

1. 了解家用电工元器件及其接线；
2. 掌握家用电能表的接线；
3. 掌握家庭配电线路负荷计算与电工元器件的选型；
4. 掌握三支路家庭配电线路的设计与安装；
5. 掌握导线连接以及绝缘的方法。

安全规范

1. 实验中涉及家用电压，应时刻注意用电安全，一定不能带电操作；
2. 实验中连线应遵循电工操作规范；
3. 连线完毕后，应检查无误才能通电，一旦发生跳闸，立刻关闭电源再进行故障排查；
4. 使用仪表进行测量时，请务必注意保持单手握表笔测量。

7.1　家庭电路的电源

家庭电路电源分为端线（三相四线电路中的某一根相线一般为红色，俗称火线）和零线（零线是变压器中性点引出的线路，与相线构成回路对用电设备进行供电），火线和零线之间有 220 V 电压（在部分国家是 110 V 电压），它们构成家庭电路的电源（火线和大地有 220 V 电压，零线和大地没有电压），它们用试电笔来判别，能使试电笔的氖管发光的是火线，不能使氖管发光的是零线。地线同样不能使氖管发光（试电笔金属螺帽应与手接触）（左零右火）。

区分火线、零线和地线的方法有：

(1) 颜色。一般来说，火线一般是红色、黄色、绿色；零线一般是蓝色、黑色；地线一般是双色。

(2) 试电笔。火线用试电笔会发光，零线不会。

(3) 万用表。火线与零线间的电压是 220 V，零线与地线间的电压为 0 V。

7.2　家庭常用电器

(1) 自动空气开关

自动空气开关也称为低压断路器，可以用来接通和分断负载电路，也可以来控制不频繁启动的电动机。它的功能相当于闸刀开关、过电流继电器、失压继电器、热继电器以及漏电保护器等电器部分或全部的功能总和，是低压配电网中一种重要的保护电器。

空气开关有单极(1P)、两极(2P)、三极(3P)、四极(4P)4 种，其中单极控制火线、两极控制火线和零线、三极控制三相、四极控制三相加零线。所谓极是引进开关端口上的线数，即可以同时接通或断开的线数。空开上方接线孔是电源进线端，下方是负载的出线端，操作手柄向下断开，向上闭合，两级空开电路符号和面板如图 7-1 所示。

空气开关通电前的检测。把空气开关的操作手柄拉下，把万用表调到电阻挡(如果是机械的万用表就调到电阻挡的最小挡)，用万用表的红色和黑色电笔分别接触空气开关的上口和下口，如果万用表的电阻读数为无穷大证明空气开关断开功能是正常的。如图 7-2 所示。

再把操作手柄推上去，如果万用表电阻读数为 0 或者一个很小的值，证明空开的接通功能是正常的，这个空开是可以正常使用的。

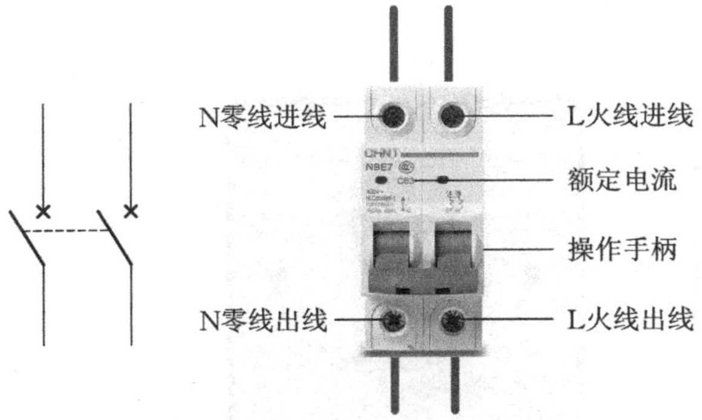

图 7-1　两级空开电路符号与面板

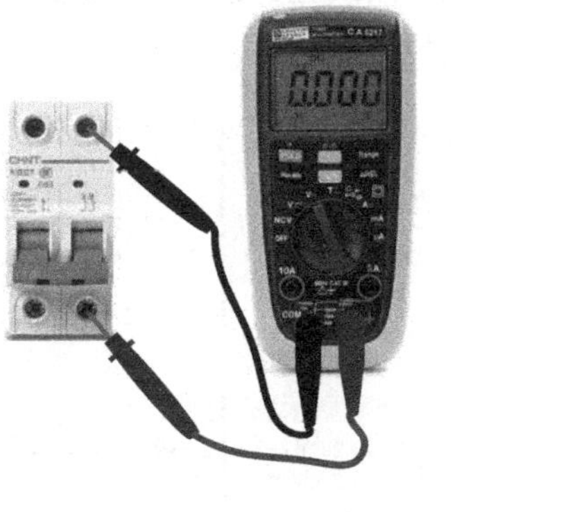

图 7-2　空开通电前的检测

(2) 漏电保护器

漏电保护器简称漏电开关，又叫漏电断路器，主要是用在设备发生漏电故障时以及对有致命危险的人身触电进行保护，具有过载和短路保护功能，可用来保护线路或电动机的过载和短路，亦可在正常情况下作为线路的不频繁转换启动之用，也是家庭电路中常见的电工元器件。漏电保护器的符号与面板如图 7-3 所示，合闸按钮在闸刀合上之前按下，试验按钮每个月按下一次。

注意：如果漏保空开上面有明确的火线和零线接线符号标识，一定严格按照厂家标识的符号接线。

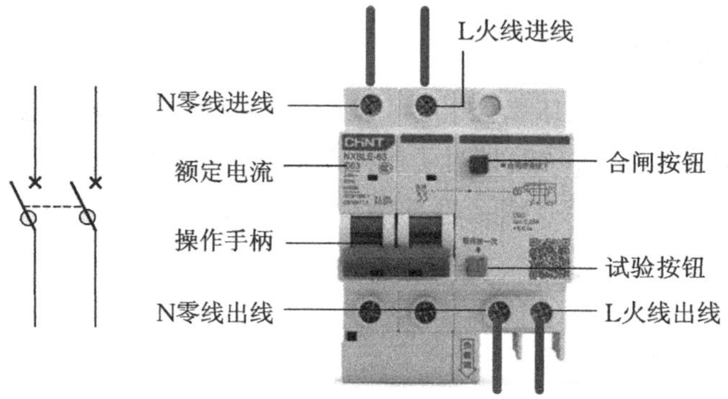

图 7-3 漏电保护器符号与实物

(3) 照明开关

照明开关用来接通和切断照明线路，允许流过的电流不能太大。照明开关有单联单控、单联双控、双联双控(联：同一面板上有几个相同的开关就叫几联)。如图 7-4 所示为单联开关。

单联单控为一个开关只有两个接线柱(类似单刀单掷开关)；单联双控为一个开关有三个接线柱(类似单刀双掷开关)，如图 7-4 开关反面所示；双联双控为一个面板上有两个双控开关。

图 7-4 照明开关正反两面

(4) 白炽灯与灯座

白炽灯由灯头、灯丝、玻璃壳组成,如图7-5所示。

灯座是供普通照明用的白炽灯和气体放电灯管与电源连接的一种电气装置。按灯泡的连接方式分为螺旋式、卡口式,这是灯座的首要特征分类。根据安装方式则分为悬吊式、平装式、管接式三种,如图7-6所示。在接线时,顶芯必须接火线,零线接螺纹极。

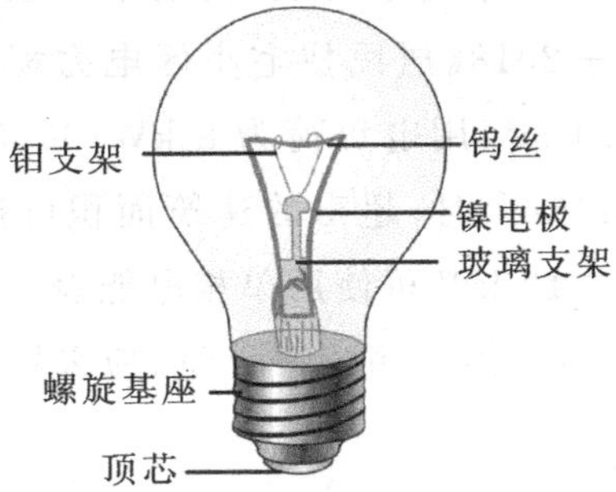

图7-5 白炽灯构造

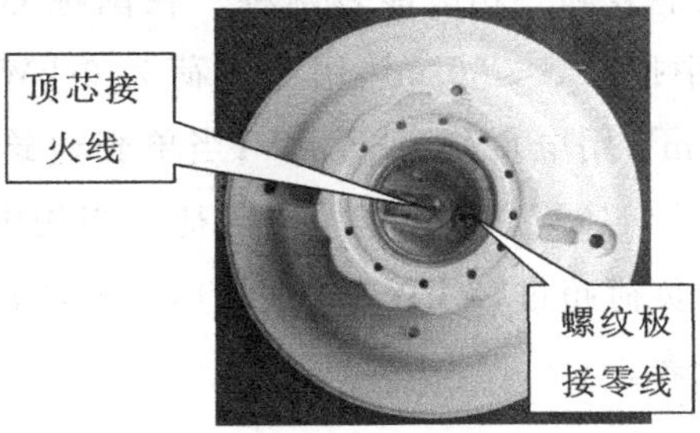

图7-6 灯座

(5) 插头与插座

插头是为用电器具引取电源的接插器件。插头的形式,国家标准规定为扁平插脚,为了保证用电安全,除了有绝缘外壳及低压电源(安全电压)的用电器具可以使用两线插头外,其他有金属外壳及可触碰的金属部件的电器都应用装有接地线的插头。

插座分明式、暗式和移动式三种类型,是互配性要求较严而又形式多样的一大类器件。插头和插座分为单相二级,单相三极及三相四级三种,工作电压分别为50 V、250 V和380 V。其中单相二级与单相三级插座示意图如图7-7所示。

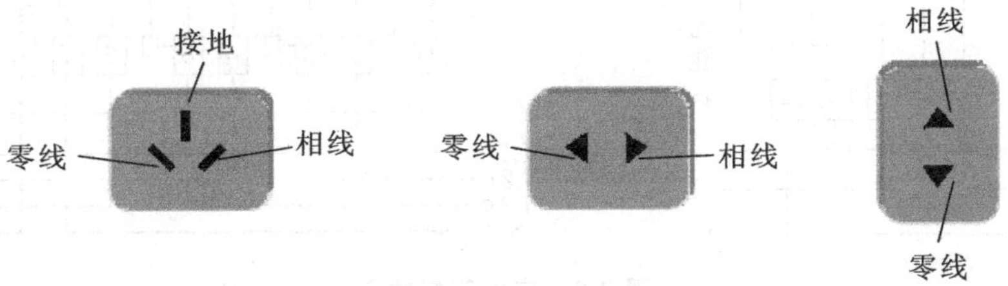

图7-7 插座

单相三孔插座,保护接地在上孔,相线在右孔,零线在左孔;单相双孔水平排列时,相线在右孔,零线在左孔;单相双孔垂直排列时,相线孔在上方,零线孔在下方。

7.3 家庭线路

7.3.1 电能表电路

电能表是用来测量电能的仪表，又称电度表、火表、千瓦小时表，目前市面上有单相电能表和三相电能表两种。在国标 GB/T 36040—2018《居民住宅小区电力配置规范》中指出 $S \leqslant 60\ m^2$，用电负荷为 6 kW；$60 < S \leqslant 90\ m^2$，用电负荷为 8 kW；$90 < S \leqslant 140\ m^2$，用电负荷为 10 kW；当单套建筑面积大于 $140 m^2$ 时，超出的建筑面积可按 30 W/m^2～$40 W/m^2$ 计算用电负荷。当用电负荷不超过 12 kW 可使用单相电能表。但当用电负荷超过12 kW 时，宜采用三相电源进户，电能表应能按照相序计量，应采用三相电能表。

(1) 单相电能表和三相电能表的参数

三相电能表电压规格参数范围可选择性较多，分为 3×220/380 V、3×57.7/100 V；单相电能表电压规格参数通常只有一个 220 V。三相电能表电流规格参数分为 1.5(6) A、5(60) A 、10(80) A、10(100) A 等；单相电能表电流规格参数通常为 5(60) A。

(2) 单相电能表和三相电能表的接线

三相电能表由三根相线和一根零线组成，直接接线式有 8 个接线柱；单相电能表由一根零线和一根相线组成，只有 4 个接线孔。电能表的接线与配电线路，如图 7-8 所示。

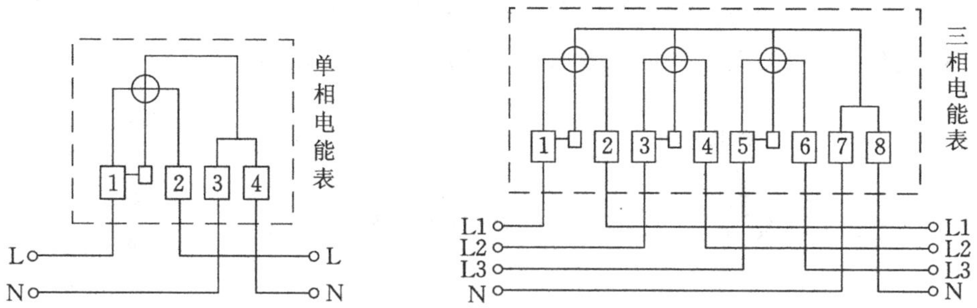

图 7-8 电能表接线图

7.3.2 家庭配电线路

家庭配电线路简单地说就是为住宅各房间的电器设备及插座分配供电线路。由配电盘分配供电送到室内用电设备和照明灯具中，各种低压配电设备按照一定的接线方式连接构成家庭供配电线路。家庭配电线路的设计需根据实际情况合理规划、科学布局，确保家庭配电线路的用电安全。

(1) 家庭配电基本原则

现在住宅的用电器越来越多，为了避免某一电器出现问题影响其他电器或者整个电路的工作，需要在配电箱中将入户电源进行分配，以提供给不同的电器使用。不管采用哪种配电方式，在配电时都应该遵循以下基本原则：

1) 一个线路支路的容量尽量在 1.5 kW 以下，如果单个用电器的功率在 1 kW 以上，建议单独设为一个支路。

2) 照明、插座尽量分成不同的线路支路。当插座支路连接的电气设备出现故障时，只会使该支路的电源中断，不会影响照明线路的工作，因此可以在有照明的情况下对插座线路进行检修；如果照明线路出现故障，可在插座线路接上临时照明灯具，对插座支路进行检查。

3) 照明可以分成几个线路支路。当一个照明线路出现故障时，不会影响其他照明线路工作，在配电时，可按照不同的房间搭配分成两三个照明线路。

4) 对于大功率电器(如空调、电热水器、电磁炉等)，尽量一个电器分配一个线路支路，并且线路应选用截面积大的导线。如果多台大功率电器合用一个线路，当它们同时使用时，导线会因流过的电流很大容易发热，即使导线不会马上烧坏，长时间使用也会降低导线的绝缘性能。与截面积小的导线相比，截面积大的导线电阻更小，对电能的损耗更小，不易发热，使用寿命更长。

5) 潮湿环境(如浴室)的插座和照明灯具的线路支路必须采取接地保护措施。一般插座可以采用两极、三极普通插座，而潮湿环境需要用防溅三极插座，其使用的灯具如有金属外壳，则要求外壳必须接地(与 PE 线连接)。

图 7-9 是按照家用电器类型来分配电源支路的例子。三根入户线中的 L、N 线进入配电箱后先接入户总开关。厨房、卫生间比较潮湿，故用漏保单独分出支路；空调功率大，可以分为两条支路；浴室的浴霸功率较大，也单独分出一路；室内其他各处插座分出两路来接，如一路接客餐厅和过道插座，另一路接卧室插座；照明灯具功率较小，故只分出一条支路接到室内各处的照明灯具。

(2) 家庭配电线路负荷计算

在设计家庭供配电线路时，设备的选用及线路的分配均取决于家庭用电设备的用电。在规划家庭用电线路时需要特别注意安全性，保证设备安全及用户的使用安全。比如：家用电器的总用电量不应超过配电箱内总断路器和总电度表的负荷，同时每条支路的总用电量也不应超过支路断路器的负荷，以免出现频繁掉闸、烧坏配电器件的状况；在

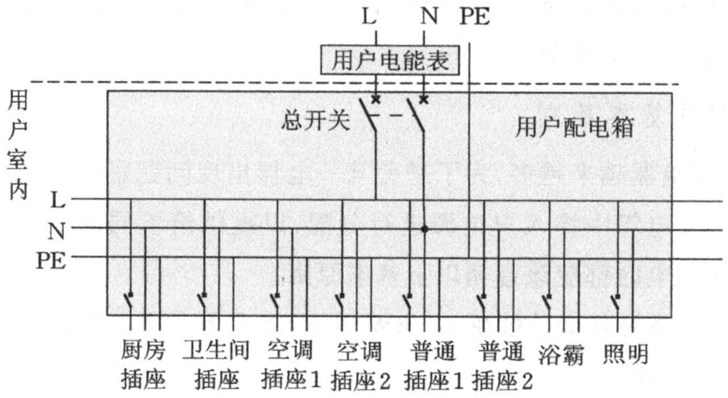

图 7-9 按家用电器的类型分配电源支路

安装线路器件时，插座、开关等也要满足用电需求，若选择的器件额定电流过小，则使用时会烧坏器件。

配电线路设计时要求供电线路的额定电流应大于所有可能会同时使用家用电器的总电流值。其中，总电流的计算由所有用电设备的功率和除以额定供电电压获得，即总电流＝家用电器的总功率/220 V。将所有家用电器的功率相加即可得到总功率值。另外，家庭中的电器设备不可能同时使用，因此用电量一般取设备耗电量总和的 60%～70%，在此基础上考虑一定的预留量即可。以下表 7-1 为常用电器功率表。

表 7-1 常用电器功率表

电器	功率	电器	功率	电器	功率
微波炉	800～1500 W	电饭煲	500～1700 W	电磁炉	800～1800 W
电炒锅	800～2000 W	电热水器	800～2000 W	电冰箱	70～250 W
电暖器	800～2500 W	电烤箱	800～2000 W	消毒柜	600～800 W
电熨斗	500～2000 W	节能灯	10～30 W	LED 灯	10～30 W
白炽灯	40～100 W	荧光灯	15～40 W	吸顶灯	50～300 W
1 匹空调	724 W×3＝2172 W	1.5 匹空调	1086 W×3＝3258 W	2 匹空调	1448 W×3＝4344 W

注：空调开机瞬时功率是额定功率的 3 倍。

通过每条支路的总负荷计算支路最大电流，以此选择合适的支路断路器。

7.3.3 照明线路

白炽灯电路分为单联开关线路和双联开关线路，如图 7-10 所示。

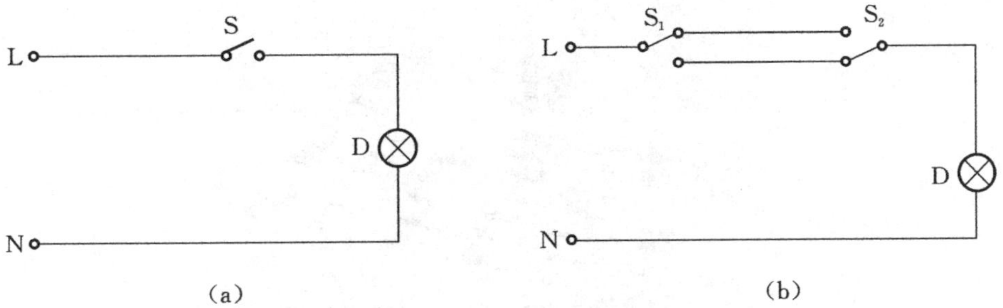

图 7-10 白炽灯电路原理图
(a)单联开关电路;(b)双联开关控制电路

日光灯工作电路,如图 7-11 所示。日光灯灯管的内壁上涂有一层荧光粉,灯管两端各装有两根灯丝,管内在其真空的情况下充有少量的氩气和水银。当镇流电路在灯管两端产生约 400～600 V 的高压时,灯丝发热使管内的水银汽化,使管内的气体产生电离,形成自由移动的电离子,这种电离子被荧光粉吸收后转换成另一种近似日光的可见光。

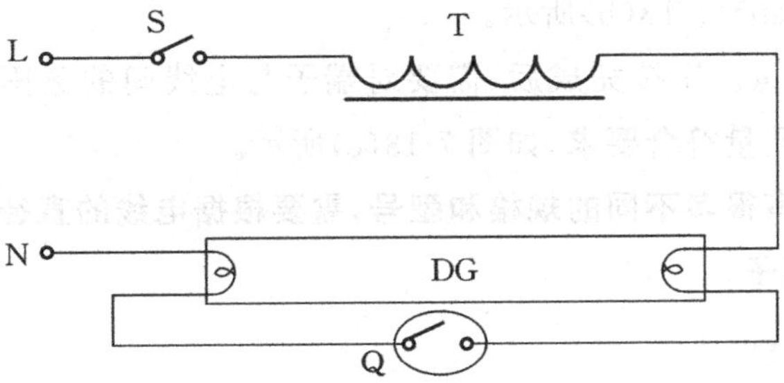

图 7-11 日光灯工作电路图

7.4 电气连接

7.4.1 电气连接工具

(1) 冷压端子

如图 7-12 所示,冷压端子是用于实现电气连接的一种配件产品,隶属于电子连接器范畴。冷压端子的主要功能是通过挤压的方式将电线或导体连接在一起,以便进行电气传输或信号传输。与焊接和扎线等方式相比,冷压端子具有连接方便、连接质量稳定、操作简单等优点,并且可以避免高温对电线绝缘层造成的损伤。

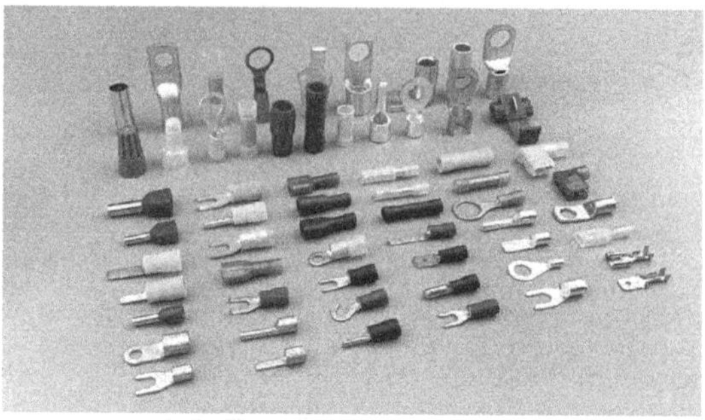

图 7-12 冷压端子实物图

冷压端子需要用到的工具有：剥线钳、压线钳等。制作流程如下：

(1) 使用剥线钳剥去电线一定长度的绝缘层，要求长度恰好适合冷压端子内的接线孔，剥太短或太长都会影响接触性，如图 7-13(a)所示。

(2) 将电线拧成一股放入冷压端子中，需保证端子与电线之间接触良好。然后使用压线钳将冷压端子挤压紧固。挤压时应选择压线钳中合适的槽和适当的力度，否则易导致脱落或接触不良，如图 7-13(b)所示。

(3) 检查连接质量。压接完成后，需要对端子与电线间的紧固程度进行检查，确保连接质量符合要求，如图 7-13(c)所示。

电线端子的制作

注意：冷压端子有很多不同的规格和型号，需要根据电线的直径和连接要求选择合适的端子。

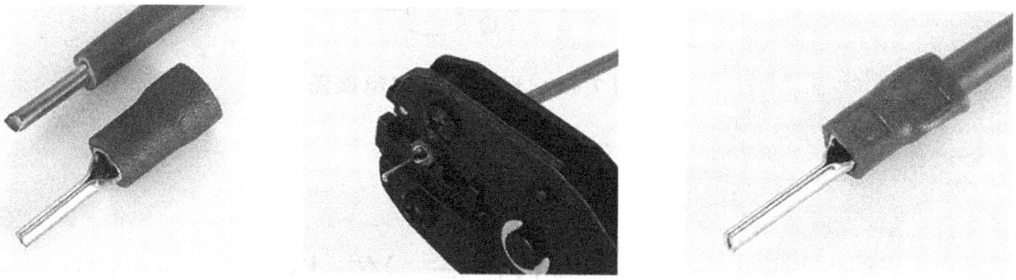

(a) (b) (c)

图 7-13 冷压端子制作流程图示

(2) 端子排(导轨式)

如图 7-14 所示，端子排是一种连接电气导线的设备，可以将设备内外的线路连接到一起，有信号或电流电压传输的作用。使用端子排接线后，整体更美观，方便日后维修或更换。

电线与端子排的连接：

(1) 插入一字螺丝刀，逆时针旋转将金属槽旋转至底部，如图 7-15(a)所示。

模块的连接

图 7-14　端子排实物

(2) 将接有冷压端子的电线放入端子孔中，保证端子金属部分没有裸露在外面，如图7-15(b)所示。

(3) 顺时针旋转，金属槽上行直至压紧端子，如图 7-15(c)所示。

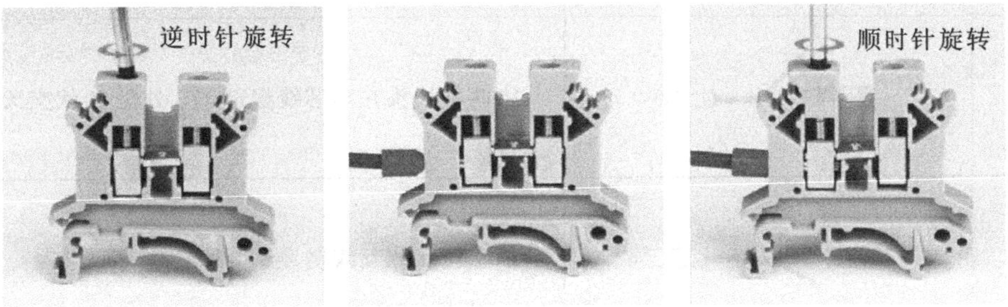

(a)　　(b)　　(c)

图 7-15　电线与端子排连接示意图

7.4.2　导线的连接

强电电路中，线路的连接主要有线对线、线对点几种方式。

(1) 单股绝缘导线连接方法

绝缘导线连接分为剖削绝缘、导线连接、接头焊接、恢复绝缘几个步骤。

1) 绝缘层的剖削方法

导线线头的剖削方法有直削法、斜削法、分段剖削法三种，如图 7-16 所示。

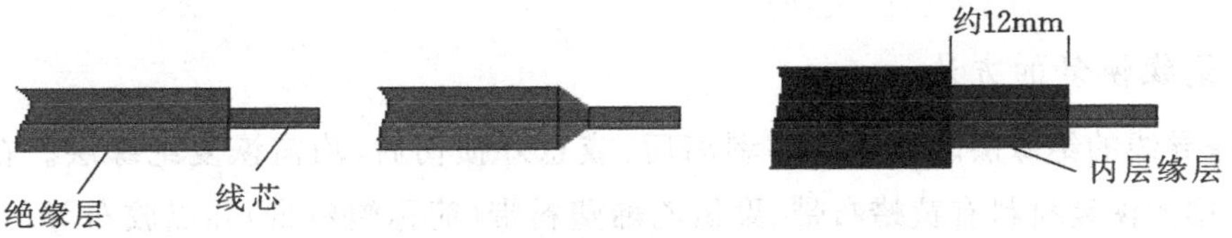

(a)　　(b)　　(c)

图 7-16　导线线头绝缘层的剖削方法

(a)直削法；(b)斜削法；(c)分段剖削法

直剖削法、斜剖削法适用于单层绝缘导线，如塑料绝缘线。分段剖削法适用于绝缘层较多的导线，如橡皮线、铅皮线等。剖削导线时必须注意不得损伤线芯。

2）单股导线的连接

单股导线绞接的方法如表 7-2 所示。

表 7-2　单股导线绞接的方法

步骤	图示	连接说明
1	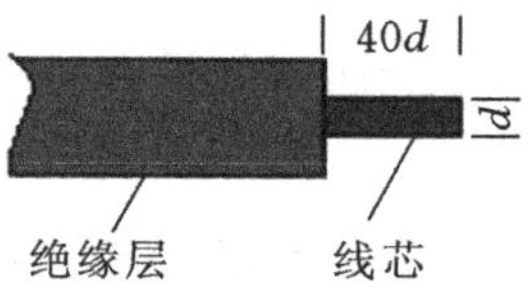	按芯线直径约 40 倍长剖削去绝缘层
2		将两根线头在离芯线根部 1/3 处呈 X 状交叉
3		如麻花状相互绞绕 2～3 圈
4		先把一根线头扳起与另一根处于下边的线头保持垂直
5		把扳起的线头按顺时针方向在另一根线头上紧缠 4～5 圈，圈间不要有缝隙，且应垂直排绕。缠毕切去芯线余端，并钳平切口，不准留有切口毛刺
6		另一端重复步骤 5

3）绝缘恢复的方法

绝缘导线的绝缘层因连接需要剥离后，或意外损伤后，均需恢复绝缘层。在低压线路上，常用的恢复材料有黄蜡布带、聚氯乙烯塑料带（简称塑料带）和黑胶布等，为方便包缠一般采用 20 mm 这种规格。实际应用中均包两层绝缘带后再包一层黑胶带加以固封。绝缘恢复的步骤如表 7-3 所示。

表 7-3　绝缘恢复的步骤

步骤	图示	说明
1	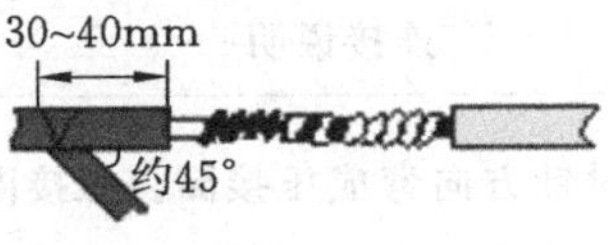	绝缘带应从左侧完好的绝缘层处开始包缠，应包入绝缘层 30～40 mm，起包时绝缘带与导线之间应保持约 45°倾斜
2	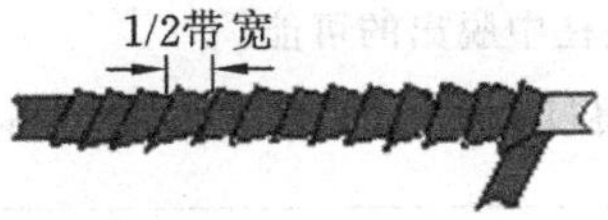	使绝缘带半幅相叠压紧
3		第二条绝缘带反向包缠

（2）导线与接线柱的连接

接线柱又称为接线端子，是各种电气装置或设备的导线连接点。导线与连接柱的连接，必须保证正规可靠。

1）导线与针孔式接线柱的连接方法如表 7-4 所示。

表 7-4　导线与针孔式接线柱的连接

步骤	图示	连接说明
1	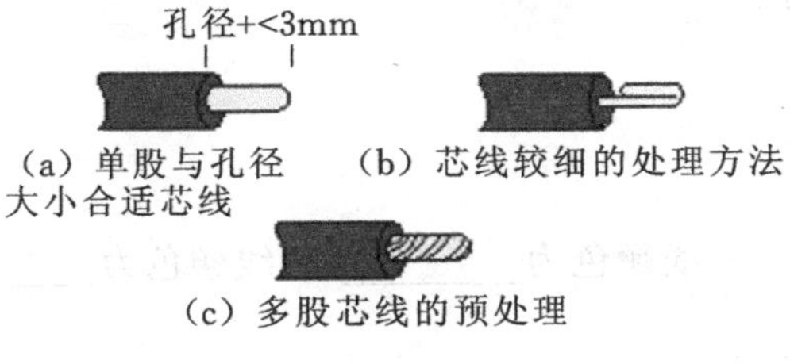	1.若芯线与接线孔大小合适，则将芯线线头插入针孔并旋紧。 2.若芯线较细，则应把芯线线头折成双跟，再插入针孔旋紧螺钉。 3.多股芯线则先将其绞紧，保证压接螺钉时不致松散
2	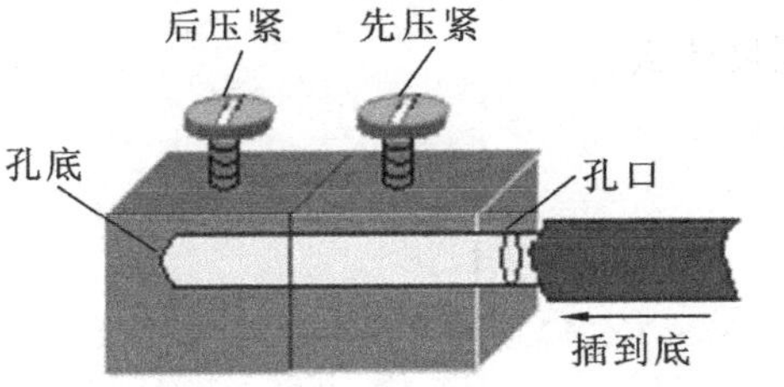	芯线必须插到孔的底部，凡有两个压紧螺钉的，应先拧紧近孔口的一个，再拧紧近孔底的一个

注意：不能使绝缘层进入针孔，针孔外的裸线头的长度不能超过 3 mm。

2）导线与小容量平压柱的连接方法如表 7-5 表示。

表 7-5　导线与小容量平压柱的连接

步骤	图示	连接说明
1	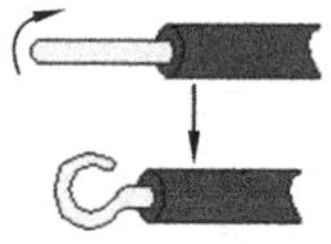	1.将芯线按顺时针方向弯成压接圈。压接圈的弯曲方向必须与螺钉拧紧的方向一致，否则圈孔会随着螺钉的拧紧而被扩大，有从接线柱中脱出的可能。 2.圈孔不宜弯得过大或过小，只要稍大于螺钉直径即可
2	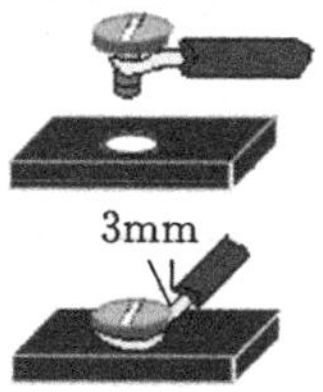	圈根部绝缘层不可剥去太多，4 mm^2 及以下的导线，一般留有 3 mm 的间隙已足够，螺钉尾就不会压住圈根绝缘层。但也不能留得过少。

注意：螺钉上的螺纹方向是向下的右手螺旋，所以拧紧的方向是顺时针方向，拧松的方向是逆时针方向。

强调

- 务必注意用电安全，规范操作。
- 务必区分清楚火线、地线和零线。
- 务必注意各类开关的操作顺序。

章节测试

1. 家庭电路中火线颜色为________，零线颜色为________，地线颜色为________。
2. 空开接线的规则是________与________。
3. 灯座的接线规则是________。
4. 单相电度表的四个接线端子分别接什么？
5. 家庭电路配线的一般思路是什么？

拓展篇

第8章 计算机辅助设计

学习目标

1. 掌握仿真软件的操作要点，能熟练使用 Multisim 进行电路仿真；
2. 了解印制电路板的基本概念；
3. 掌握 PCB 设计软件的操作要点，能绘制功能完整的电路原理图；
4. 掌握基本的布板规则，能熟练使用软件进行 PCB 设计。

安全规范

1. 若要将电脑接入实验台，请提前检查电源的输入电压范围；
2. 若不使用实验台电源，记得及时断电；
3. 使用电脑时，不允许开启电烙铁。

8.1 Multisim 仿真

8.1.1 软件介绍

在众多的 EDA 仿真软件中，Multisim 软件界面友好、功能强大、易学易用，受到电类设计开发人员的青睐。Multisim 用软件方法虚拟电子元器件及仪器仪表，将元器件和仪器集合为一体，是最常用的原理图设计、电路测试的虚拟仿真软件。

下面以 Multisim14 为例介绍其基本操作。图 8-1 所示是 Multisim14 的用户界面，包括菜单栏、标准工具栏、主工具栏、虚拟仪器工具栏、元器件工具栏、仿真按钮、状态栏、电路图编辑区等组成部分。

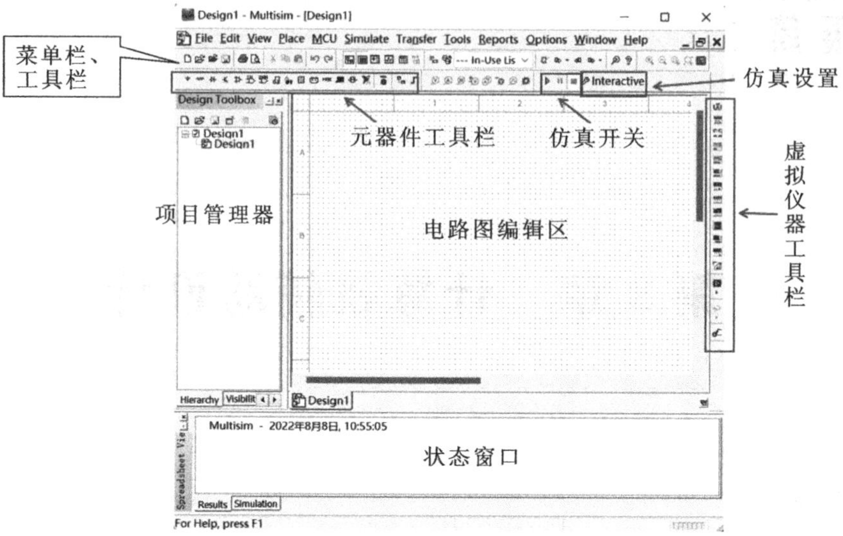

图 8-1 Multisim14 **用户界面**

8.1.2 仿真流程

Multisim14 仿真的基本流程如图 8-2 所示。仿真详细步骤以基于 555 芯片的音乐盒电路为例来进行介绍：

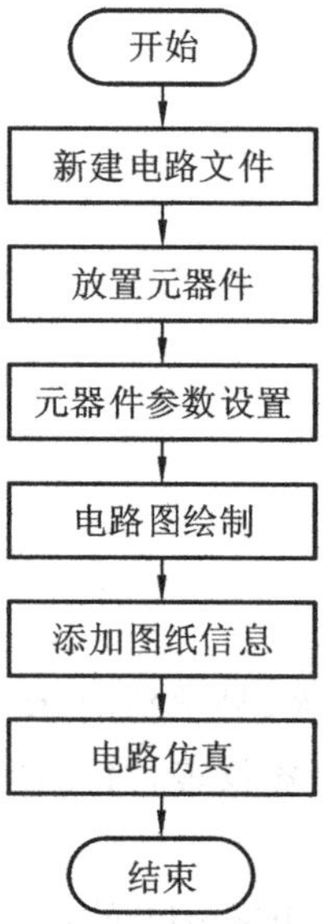

图 8-2 Multisim14 **仿真流程图**

(1) 步骤 1：新建电路文件

具体建立电路文件的方法有：

(1) 打开 Multisim14 时自动打开空白电路文件 Circuit1，保存时可以重新命名。

(2) 新建电路文件也可使用菜单命令 File/New。

(2) 步骤 2：放置元器件

Multisim14 的元件数据库有：主元件库（Master Database）、用户元件库（User Database）、合作元件库（Corporate Database）。后两个库由用户或合作人创建，新安装的 Multisim14 中这两个数据库是空的。

打开元件库的方法有：①选择菜单 Place Component。②选择元件工具栏 Place/Component。③在绘图区右击，利用弹出菜单放置。

跳出元件库窗口后，根据电路原理图选择合适的器件放置在电路绘制区。以放置＋6V 电源为例，点击元器件工具栏放置电源按钮(Place Source),得到如图 8-3 所示界面。

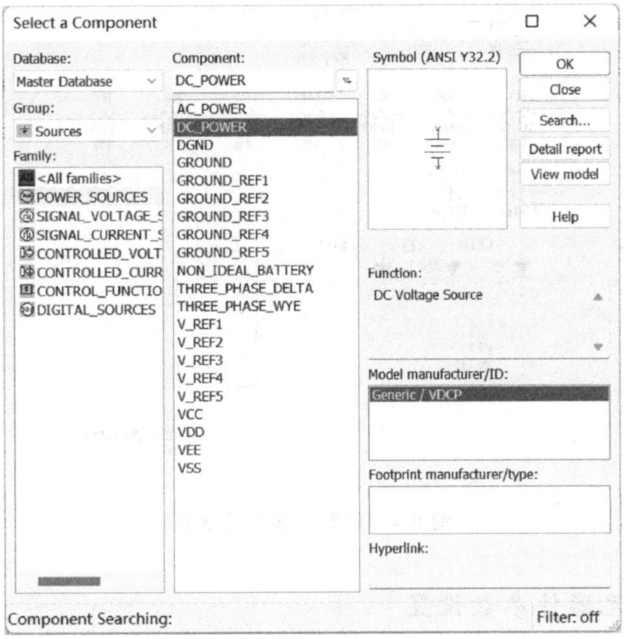

图 8-3　放置电源界面

同理,放置电阻和其他元件,选用的元件库与系列如表 8-1 所示。电路绘制区界面如图 8-4 所示。

表 8-1　基于 555 的音乐盒电路元件选取列表

序号	元件名称	组(Group)	系列(Family)	元件(Component)	参数
1	电源	Sources	Power_Sources	DC_POWER	6 V
	接地		Power_Sources	GROUND	
2	开关	Basic	SWITCH	DIPSW1	
	电阻		RESISTOR		100/10K/1K,误差 1%
	电容		CAPACITOR		0.01 μ
			CAP_ELECTROLIT		100 μ
3	LED	Diodes	LED	LED_red/green	2 mA
4	三极管	Transistors	BJT_PNP	选用 2n5401(代替 8550)	
5	NE555	Mixed	MIXED_VIRTUAL	555_VIRTUAL	

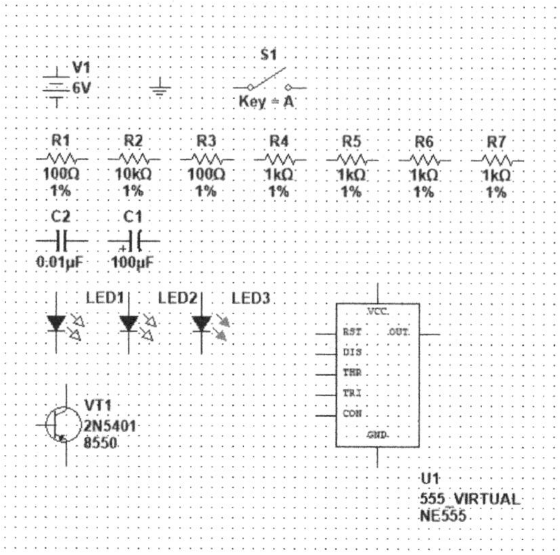

图 8-4 所有元器件的放置

(3) 步骤 3:元器件参数设置

双击元器件,弹出编辑窗口,有五个选项可设置。

1) Label:其中 Refdes 标号,由系统自动分配,可以修改,但须保证标号唯一性,标号不允许用中文;窗口中 Label 编辑处可以输入器件的备注,可以用中文。

2) Display:显示。

3) Value:数值。可以在此处修改器件参数值。

4) Fault:故障设置,Leakage 漏电;Short 短路;Open 开路;None 无故障(默认)。

5) Pins:引脚,各引脚编号、类型、电气状态。

所有元器件的标号逆序按照电路原理图中器件的位号进行修改,元器件的参数参照表 8-1 进行修改。

同样以+6 V 电源为例,双击电源器件,在弹出的窗口"Value"标签中修改电压值为 6 V,在"Label"标签中修改元件标号为 E,如图 8-5 所示。

(4) 步骤 4:电路图绘制

1) 连线

a. 自动连线:单击起始引脚,鼠标指针变为"十"字形,移动鼠标至目标引脚或导线,单击,则连线完成,当导线连接后呈现丁字交叉时,系统自动在交叉点放节点(Junction)。

b. 手动连线:单击起始引脚,鼠标指针变为"十"字形后,在需要拐弯处单击,可以固定连线的拐弯点,从而设定连线路径。

c. 关于交叉点,默认丁字交叉为导通,十字交叉为不导通,对于十字交叉而希望导通

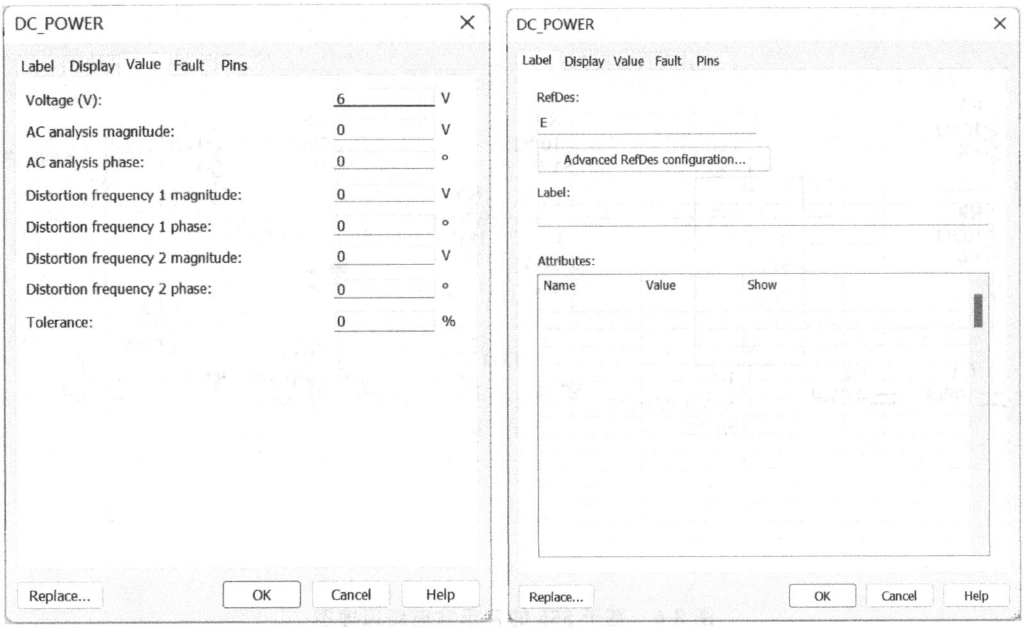

图 8-5 修改电压源的参数

的情况，可以分段连线，即先连接起点到交叉点，然后连接交叉点到终点；也可以在已有连线上增加一个节点(Junction)，从该节点引出新的连线，添加节点可以使用菜单 Place/Junction，或者使用快捷键 Ctrl+J。

2) 元器件调整

a. 调整位置：单击选定元件，移动至合适位置。

b. 调整朝向：选中元件后点击右键，可选择 90°顺时针旋转(Rotate 90°clockwise)、水平翻转(Flip horizontally)、垂直翻转(Flip vertically)。

c. 显示节点编号以方便仿真结果输出：菜单 Options/Sheet Properties/Circuit/Net Names，选择 Show All。

d. 导线和节点删除：右击/Delete，或者点击选中，按键盘 Delete 键。

图 8-6 是连线和调整后的电路图。

(5) 步骤 5：添加图纸信息

选择菜单栏“放置”(Place)命令下的“标题框”(Title Block...)，在弹出窗口中选取合适的标题框模板，通常选用第一个默认模板。标题框如图 8-7 所示，通常放置在图纸的右下角：

双击标题框可以对图纸信息进行编辑；右键单击标题框，选择“Edit Symbol/Title Block”可以在弹出界面中对标题框进行更多修改。

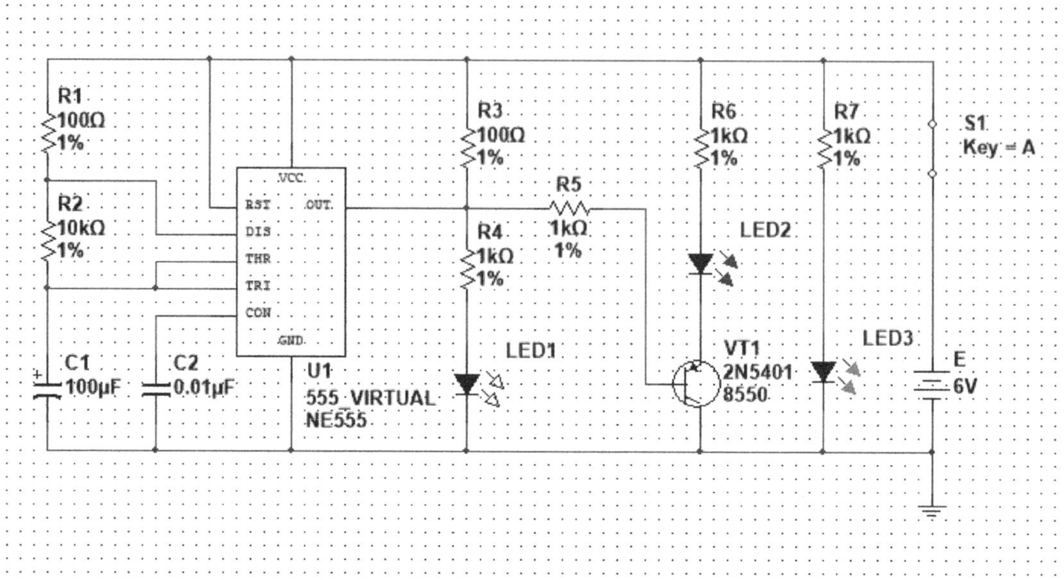

图 8-6　基于 555 的音乐盒电路原理图

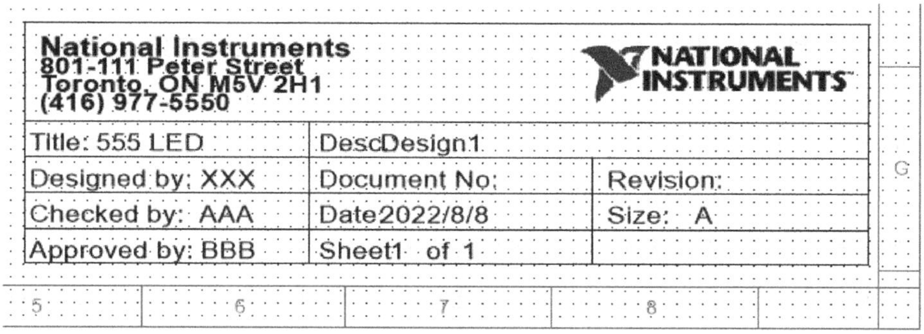

图 8-7　标题框界面

(6) 步骤 6:电路仿真

1) 仿真设置

选择菜单栏中“Simulate”,在下拉菜单中选择“Analyses and simulation”,在窗口左侧一列选择“Interactive Simulation”交互式仿真设置,将“Maximum time step(TMAX)”最大时间步长设置为 0.01 s,如图 8-8 所示。或者点击工具栏上的快捷图标 Interactive 进行设置。

2) 放置仪表

仪表的选取可以选择最右侧虚拟仪器工具栏相应按钮,或者使用菜单方式。在基于

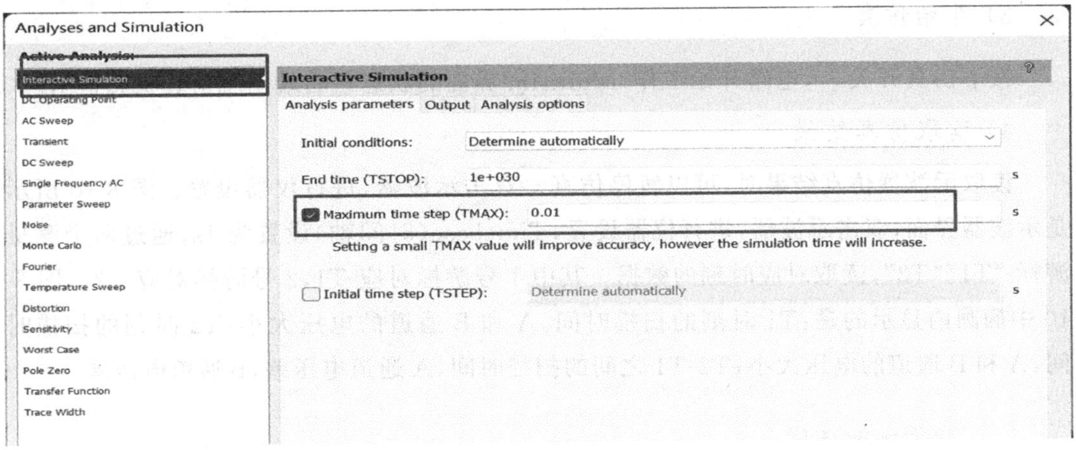

图 8-8　仿真设置

555 的音乐盒电路仿真时需要观察 555 芯片引脚电压变化，因此仿真时使用示波器观察波形是最直观的。“双通道示波器 Oscilloscope”在“虚拟仪器工具栏”中第四个。选择好后将其放置在电路绘制区。

如图 8-9 所示，根据需要将示波器 A、B 通道正极连接到需要观测的点位，负极连接到电路接地线上。双通道示波器可以最多同时接入两个点位的信号。可在 A、B 通道的正极线上点击右键，选择“Segment Color”选择不同的颜色来区分不同通道输入的信号波形。

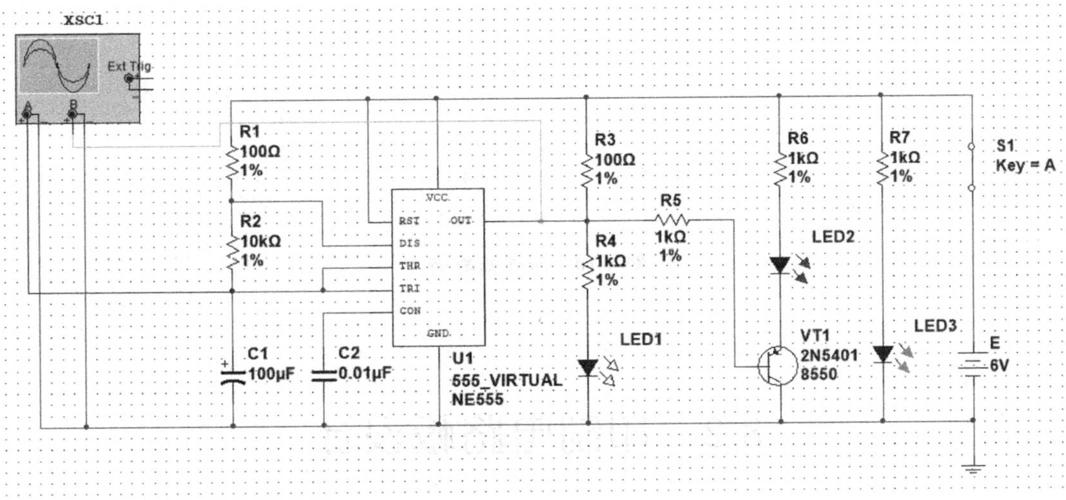

图 8-9 连接示波器

3）开始仿真

按下仿真开关▶，电路开始工作，Multisim 界面的状态栏右端出现仿真状态指示。

4）读取仿真结果

读取示波器仿真结果时，可以暂停仿真。双击示波器，进行仪器设置。图 8-10 所示是示波器界面，双击示波器，进行仪器设置，Timebase（时间轴）设置为 1s，通过两个测量游标“T1”“T2”，读取对应时刻的数据。其中 1 号游标对应 T1，2 号游标对应 T2。图 8-10 中椭圆内显示的是：T1 时刻的扫描时间，A 和 B 通道的电压大小；T2 时刻的扫描时间，A 和 B 通道的电压大小；T2-T1 之间的扫描时间，A 通道电压差，B 通道电压差。

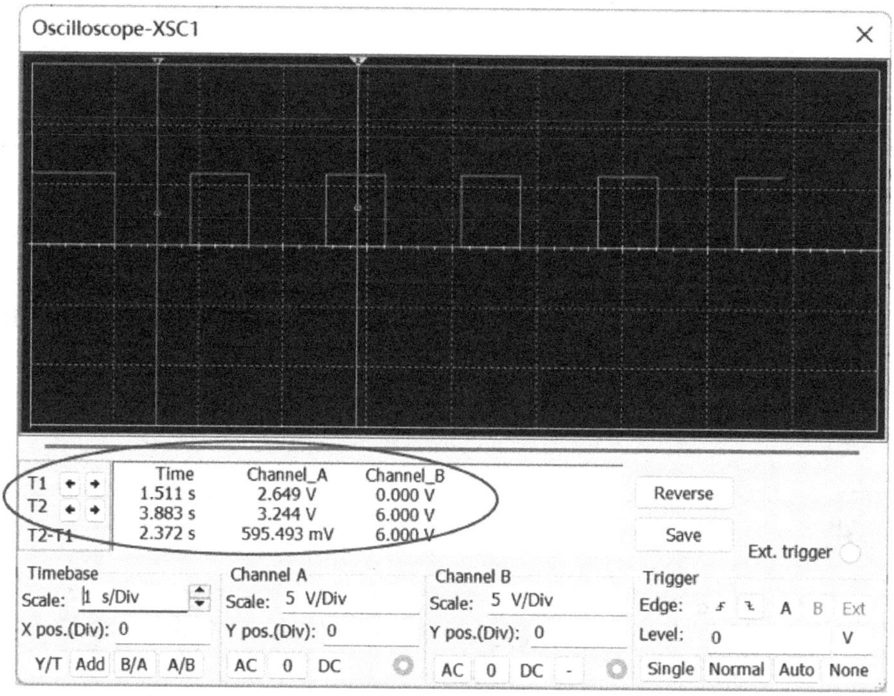

图 8-10 示波器界面

8.2 印制电路板设计

8.2.1 软件介绍

随着电子科技的蓬勃发展，新型元器件层出不穷，电子线路变得越来越复杂，电路的设计工作已经无法单纯依靠手工来完成，电子线路计算机辅助设计已经成为必然趋势。

嘉立创 EDA 是一款国产 EDA 软件，可以基于浏览器运行，无需下载，打开网站就能开始设计。其拥有超过 100 多万在线免费元件库，并在实时更新。可在设计过程中检查元器件库存、价格和立即下单购买，缩短设计周期。

在线打开或者打开客户端嘉立创 EDA 标准版，设计环境如图 8-11 所示。这个界面主要包括：菜单栏、常用选项、模式切换、官方帮助四大部分。

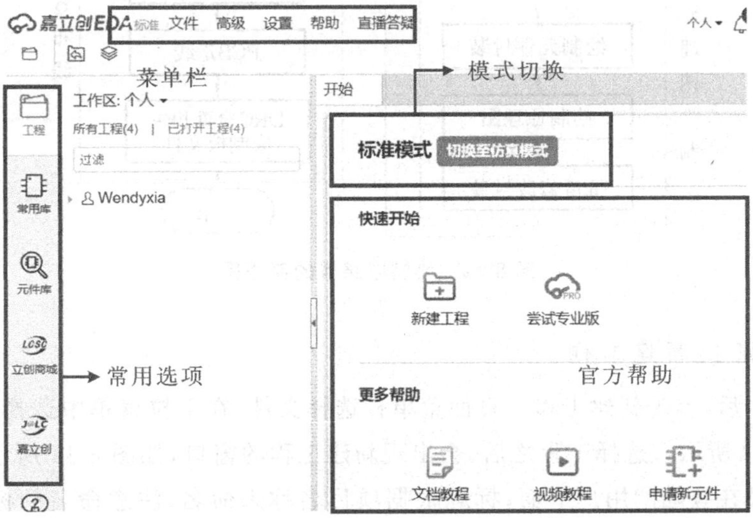

图 8-11　嘉立创 EDA 标准版设计环境

（1）菜单栏。平台的基本功能，包括文件新建、打开、系统设置等。

（2）常用选项。在常用选项这一列中，工程选项在用户登陆后可看到历史保存的工程文件，随时查看编辑；常用库是基本元件库，包括电阻、电容、三极管等基础元件；元件库有海量元件资源，在这里可以搜索到自己本地绘制元件、立创商城元件或者其他用户共享的元件模型。

（3）模式切换。嘉立创 EDA 不仅可以进行 PCB 设计，还可以进行仿真。在这一章节只讨论 PCB 设计，模式选择为标准模式。

（4）官方帮助。官方提供了标准版的文档教程、视频教程等。除此之外，在项目设计的过程中可以在官方提供的开源平台上参考学习他人设计的项目。

8.2.2　电路板设计流程

使用嘉立创 EDA 设计电路板的流程图如图 8-12 所示，主要由两大部分组成：一是原理图绘制，将仿真过的原理图用本平台规范的电路要求表述出来，为电路板设计提供元器件封装和网络表连接，为后续设计打好基础；二是 PCB 布线，将所有与实物物理模型匹配的元器件合理地摆放在规定尺寸的电路板上，并完成元器件之间的电气连接。本小节将以基于 555 的音乐盒电路为例，详细讲述使用嘉立创 EDA 设计电路板的步骤。

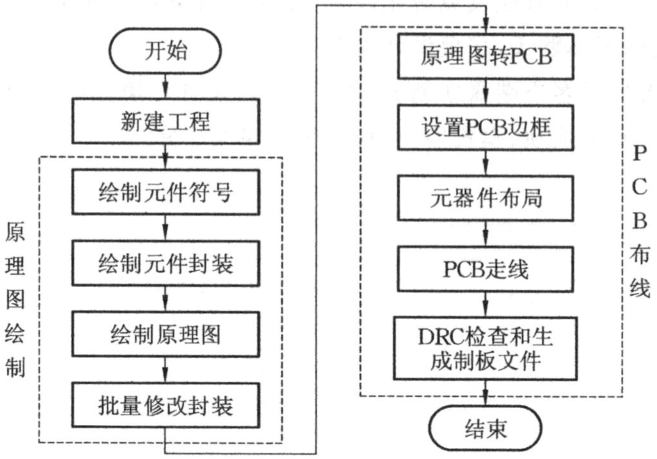

图 8-12　绘制电路板的流程图

(1) 步骤 1：新建工程

登录平台后，首先新建工程。页面菜单栏选择文件，在下拉菜单中选择新建→工程，具体如图 8-13 所示。选择工程之后，会出现新建工程的窗口，如图 8-14 所示。窗口中文件夹保存路径在登陆的用户下面，标题根据项目名称来命名，注意命名的标题不能与已有的工程名称重复。新建工程后，在常用选项的工程中，个人工作区下就可以看到新建的工程，在新建的工程下 sheet_1 就是原理图绘制图纸。

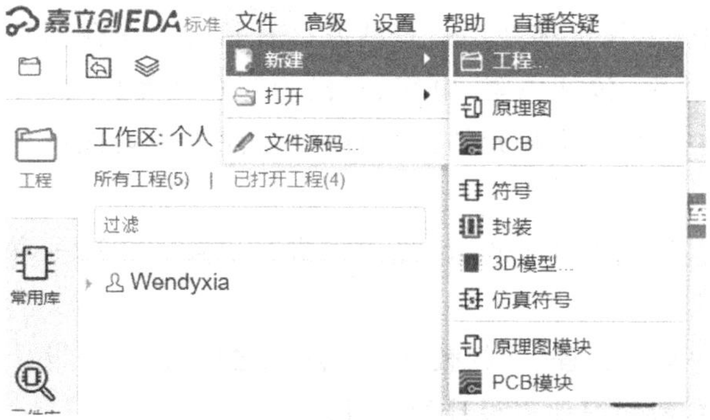

图 8-13　新建工程

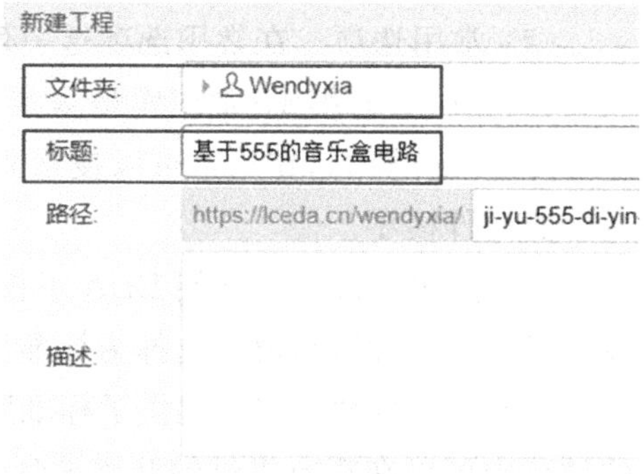

图 8-14　工程命名

(2) 步骤 2：绘制元件符号

在绘制原理图之前，我们发现原理图中存在常用库没有的元器件，比如 555 芯片、音乐芯片、扬声器等。我们可以选择自己绘制，或者搜索立创商城和其他用户提供的元器件模型。以下以音乐芯片为例详细讲解元件的绘制，元件模型绘制包括元件符号和其封装模型的绘制，首先是绘制元件符号。

1）新建符号。在菜单栏选择文件，在下拉菜单中选择新建→符号，然后保存。将符号标题命名为音乐芯片，如图 8-15 所示。

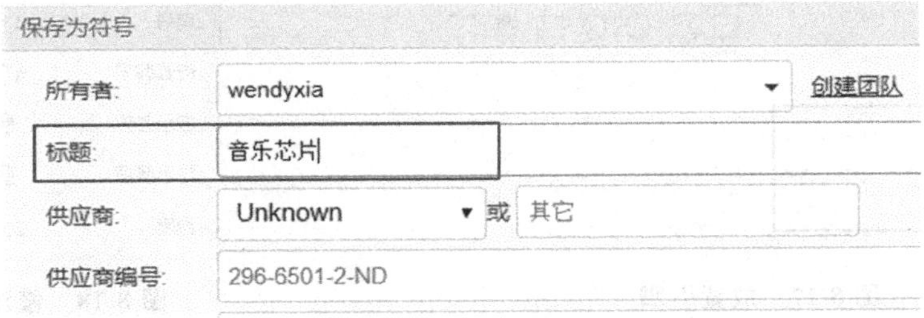

图 8-15 保存符号

2）绘制芯片外形。保持页面处于符号绘制页面，在绘制图纸右上角有绘图工具，选择绘图工具中的矩形框。在绘制图纸中心处，鼠标左键确定矩形框左上角点位，鼠标再次左键确定矩形框右下点位，以此确定矩形框大小，如图 8-16 所示。因为只是音乐芯片的元件符号，不对尺寸有具体要求，大小合适就行（删掉矩形框可直接鼠标左键选中，按键盘上的 Delete 键或选中后单击鼠标右键选择删除）。

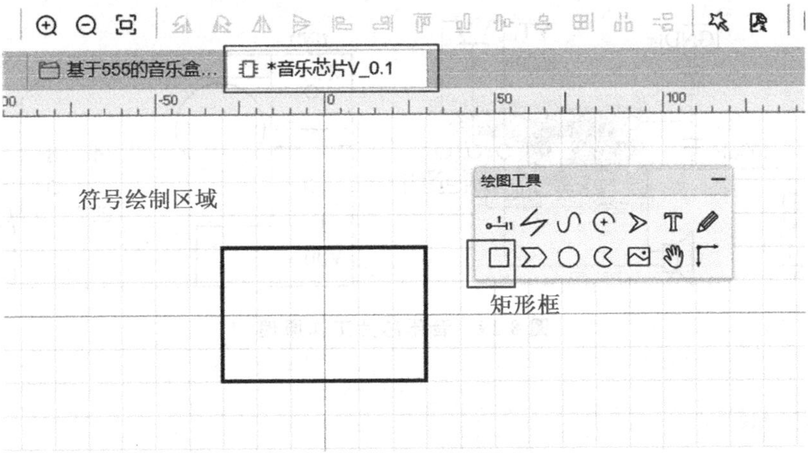

图 8-16 矩形框绘制

3）绘制元件引脚。选择绘图工具中引脚，将引脚有灰色圆圈的一端朝外放置（有灰色圆圈的端口带有电气属性），按空格键将引脚进行旋转，另外一端紧贴矩形框，如图 8-17 所示。

放置好引脚后，需要修改引脚属性。选中引脚，在页面右列会出现引脚属性窗口，将名称改为 VDD，编号改为 1，如图 8-18 所示。在同一个元件符号中，名称可以重复，但引脚编号是唯一的，且元件符号的引脚编号需与封装的引脚编号一一对应。

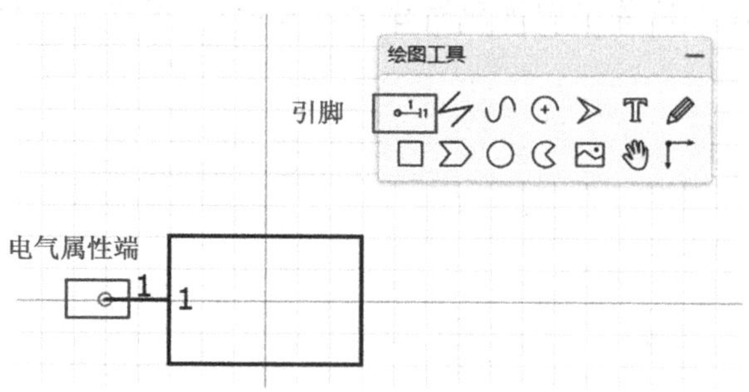

图 8-17 放置引脚

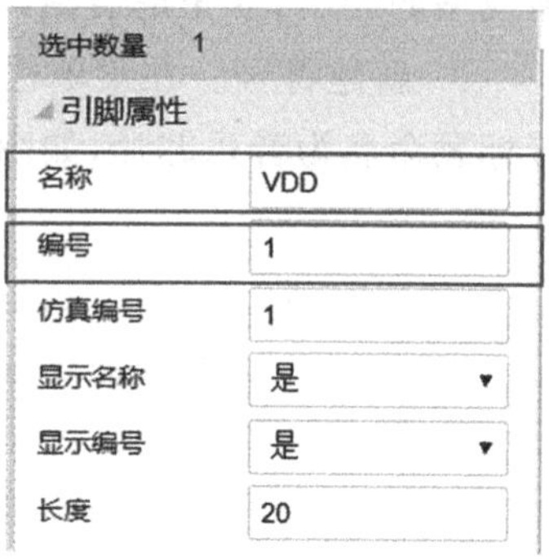

图 8-18 修改引脚属性

通过对音乐芯片工作原理进行分析，如图 8-19 所示，一共需要将四个引脚与外围电路相连：芯片电源正 VDD、两个接地 GND、一个输出 OUT，其中两个接地可以合并为一个，因此本音乐芯片只需要 3 个引脚。将元件所有引脚编辑好后，对元件符号整体进行调整。鼠标在图纸空白处左键，在页面右列出现画布属性窗口，可将网格大小和栅格尺寸进行修改，方便矩形框和引脚的细微调整，如图 8-20 所示。最后音乐芯片元件符号如图 8-21 所示。

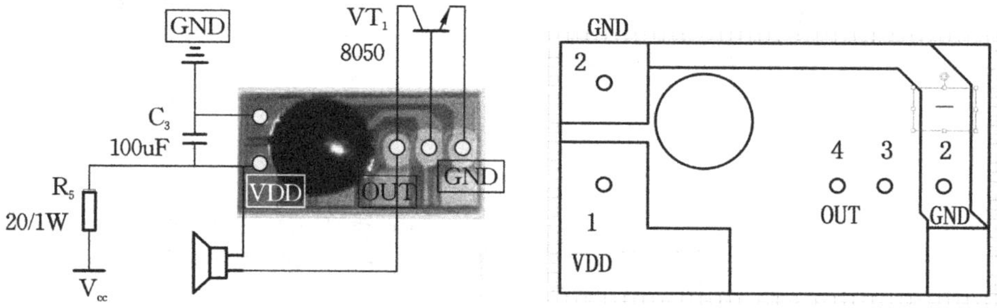

图 8-19 音乐芯片工作原理

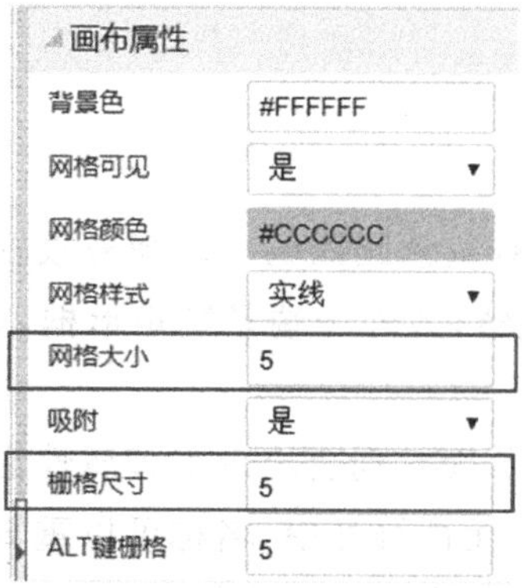

图 8-20 修改画布属性

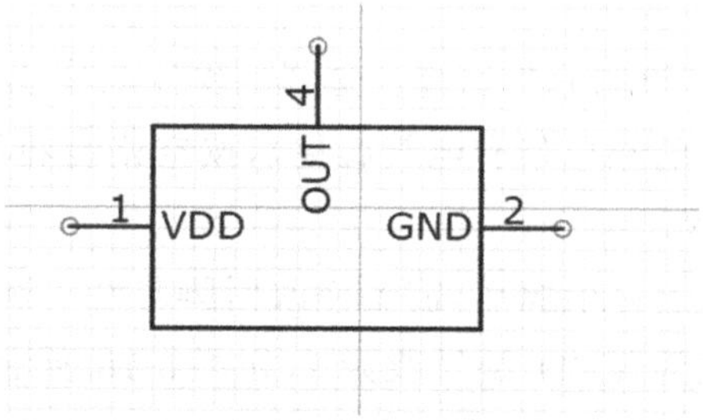

图 8-21 调整后的元件符号

4）保存元件符号。选择菜单栏中文件→保存。在常用选项→元件库→我的个人库中可以看到绘制的音乐芯片元件符号。

（3）步骤3:绘制元件封装

1）新建封装。在菜单栏选择文件，在下拉菜单中选择新建→封装，然后保存。将封装标题命名为音乐芯片封装。封装指的是芯片的物理模型，所以画封装时音乐芯片尺寸必须和实物保持一致，一般芯片尺寸可在芯片手册中查到。

2）绘制封装外形。绘制封装与PCB布线有相似的地方，就是板层的概念要清楚：顶层和底层是信号层，用来建立电气连接；顶层丝印层是电路板的文字说明层等。在绘制音乐芯片封装外形时首先选择顶层丝印层；然后根据芯片尺寸修改画布属性，单位改为mil，网格大小和栅格尺寸都修改为100 mil；最后选择封装工具中的矩形框，绘制长为800 mil，宽为400 mil的矩形。具体如图8-22所示。

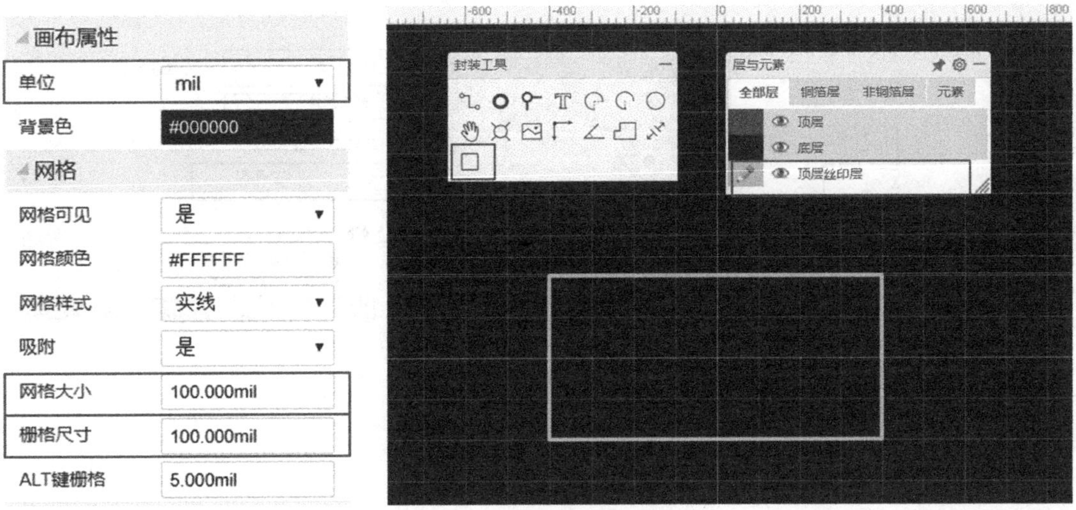

图8-22 封装外形绘制

3）放置焊盘。选择封装工具中的焊盘，按照实物位置放置在图纸中，并按照图8-19中的焊盘编号修改各个焊盘属性（选中焊盘，在页面右列可进行焊盘属性修改）。其中一般会将1号焊盘形状设置为矩形以作区分，具体焊盘编号、形状、尺寸、孔径等按照图8-23所示设置。注意绘制好后记得保存。

4）给元件符号添加封装。回到音乐芯片元件符号绘制页面（如窗口关闭可在元件库的个人库中找到进行编辑），在页面右列自定义属性中点击封装方框，可跳转至封装管理器，如图8-24所示。在窗口右列选择搜索封装，关键词为之前命名的封装标题，库选择工作区，点击搜索就会出现相应封装，选中后查看元件符号与封装之间编号是否对应正确，无误后选择更新封装。

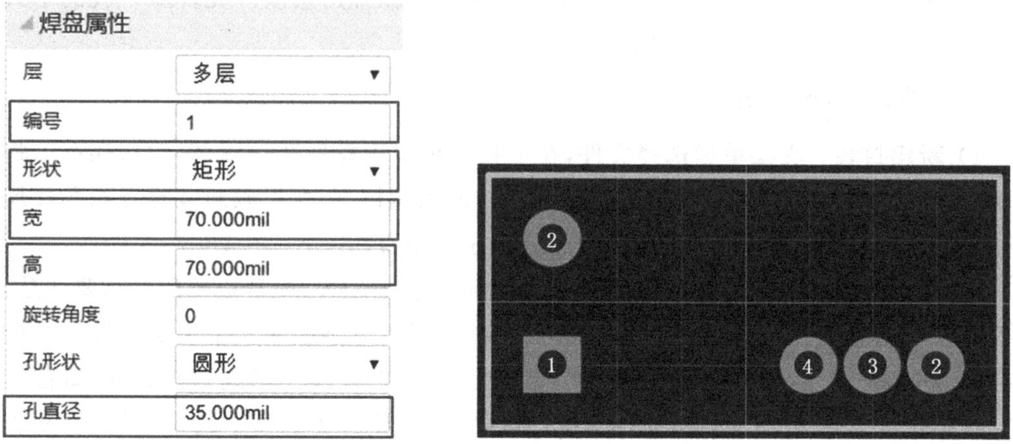

图 8-23 封装焊盘绘制

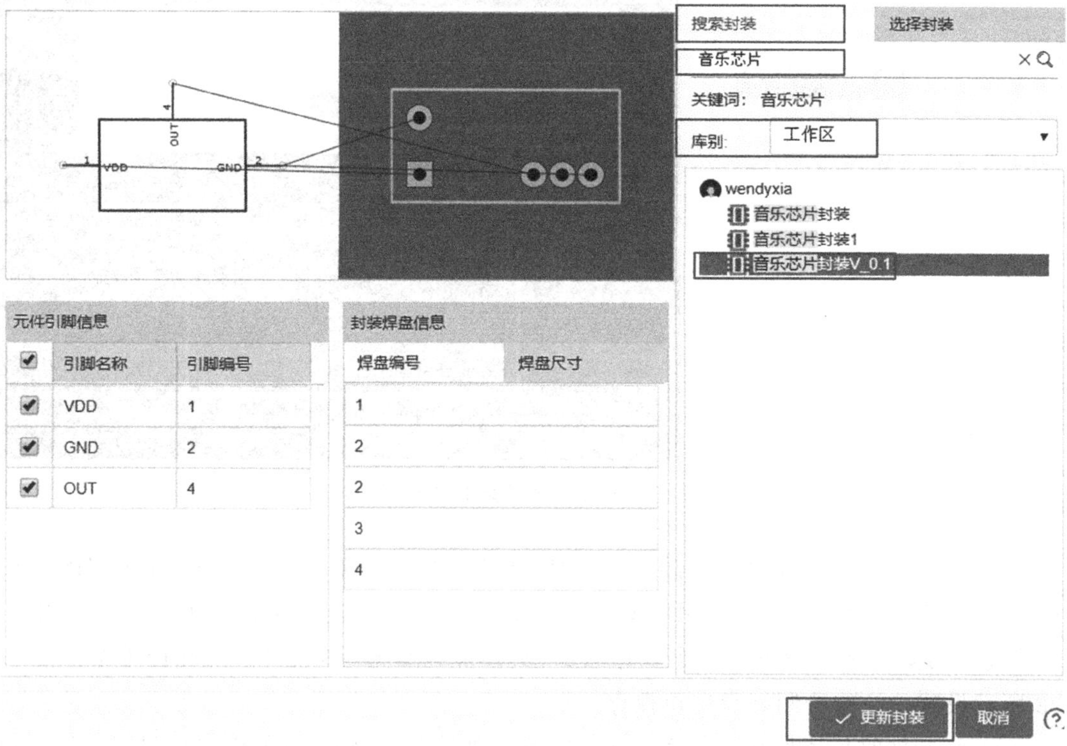

图 8-24 封装管理器

5）保存元件符号。更新封装后关闭封装管理器窗口，选择菜单栏中文件→保存。在常用选项→元件库→我的个人库中可以看到绘制的音乐芯片元件符号以及其封装。

（4）步骤4：绘制原理图

1）放置元器件。元器件可从常用库中直接调用也可以在元件库中进行搜索（其中扬声器用连接器代替）。基于555的音乐盒电路元器件选择如表8-2与表8-3所示，表中位号为图6-1原理图中各元件的位号。常用库调用器件可在右下角的下拉三角中选择合适的封装，具体如图8-25所示。若未在下拉选项中找到合适的封装，可先任选一个后期在封装管理器中修改。元件库中搜索元件具体如图8-26所示，选好后点击放置，元件会随着鼠标在原理图绘制图纸上移动，左键放置，右键取消。

表8-2 常用库元件选择

元件名称	位号	封装	元件名称	位号	封装
电源	E	HDR-F-2.54_1×2	开关/按键	K	HDR-F-2.54_1×2
电阻	R_1、R_2、R_3、R_4、R_5、R_6、R_7	R_AXIAL-0.3_EU	电阻	R_8	R_AXIAL-0.6_EU
有极性电容	C_1	C_Ele_TH_D6.3×F2.5_US	无极性电容	C_2	C_RAD_0.2_US
LED	LED1、LED2、LED3	LED-TH-3mm_R	扬声器（连接器代替）	BL	HDR-F-2.54_1×2

表8-3 元件库元件搜索

元件名称	位号	库别	搜索关键词	封装
三极管8550	VT1	立创商城	S9012-TA	TO-92-3_L4.9-W3.7-P2.54-L-A
NE555	U1	立创商城	NE555N	DIP-8_L9.8-W6.6-P2.54-LS7.6-BL
音乐芯片	U2	工作区	音乐芯片	音乐芯片封装

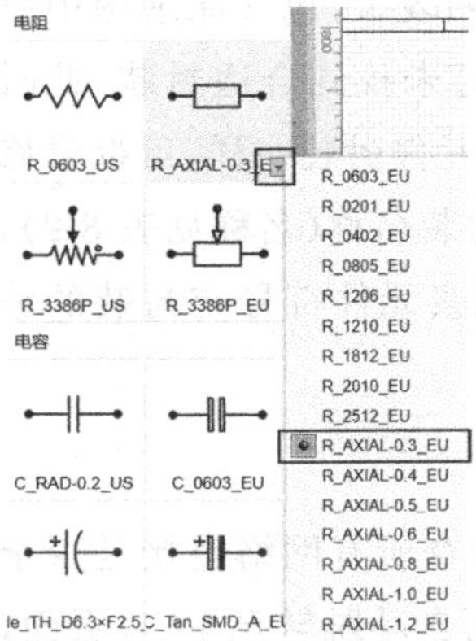

图8-25 常用库元件选择

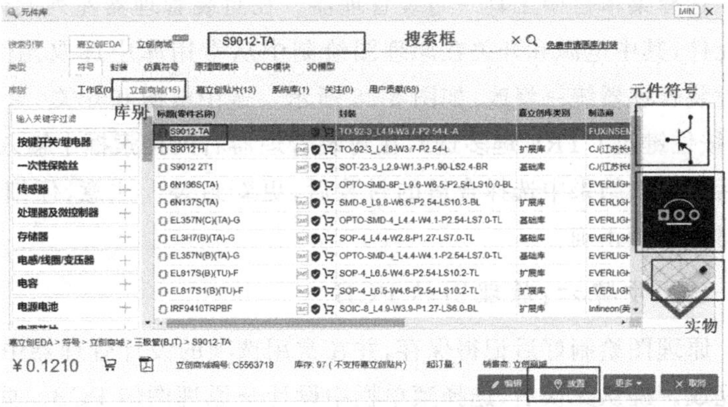

图8-26 元件库搜索示意图

2）元件属性修改。选中要修改的元件，在页面右列会出现元件属性窗口，名称可随意命名（可以是值、型号、颜色等）但必须能用来分辨各个元件，位号必须按照图 6-1 原理图进行命名。

3）导线绘制。所有元件放置好且属性修改完后，按照图 6-1 调整元件位置并进行导线的连接。导线的选项在浮框电气工具中，如图 8-27 所示。导线连接时不要出现多余的结点，若有多余结点就需要调整导线连接的位置。若要元件进行旋转，选中后按空格键；若要使元件翻转，按键盘 X 键水平翻转，Y 键垂直翻转；若要删除，鼠标右键删除。原理图绘制好后如图 8-27 所示。

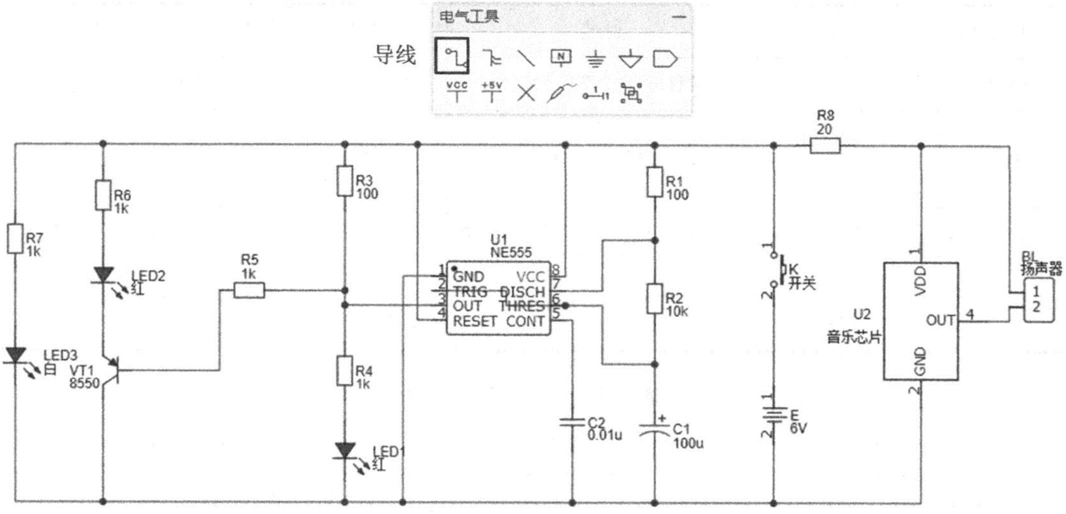

图 8-27　原理图绘制

（5）步骤 5：批量修改元件封装

选择菜单栏中工具→封装管理器。在封装管理器左列元件列表中，包含原理图中所有元件，其中电源和开关在原理图绘制中从常用库中选取元件时未找到合适封装，此时在封装管理器统一修改，如图 8-28 所示。选中电源和开关（两个元件封装一样，可批量修改，按住键盘 CTRL 键多选），在封装管理器右列搜索框中输入封装名称（名称见表 8-2），然后在搜索结果中选择合适的封装后，更新封装。注意，仔细观察元件符号与封装的编号对应是否正确。

（6）步骤六：原理图转 PCB

原理图绘制好后记得保存，并在常用选项的设计管理器中检查所有网络连接是否全部完成。确认无误后，选择菜单栏中设计→原理图转 PCB。页面自动跳转至 PCB 页面，记得立即保存。

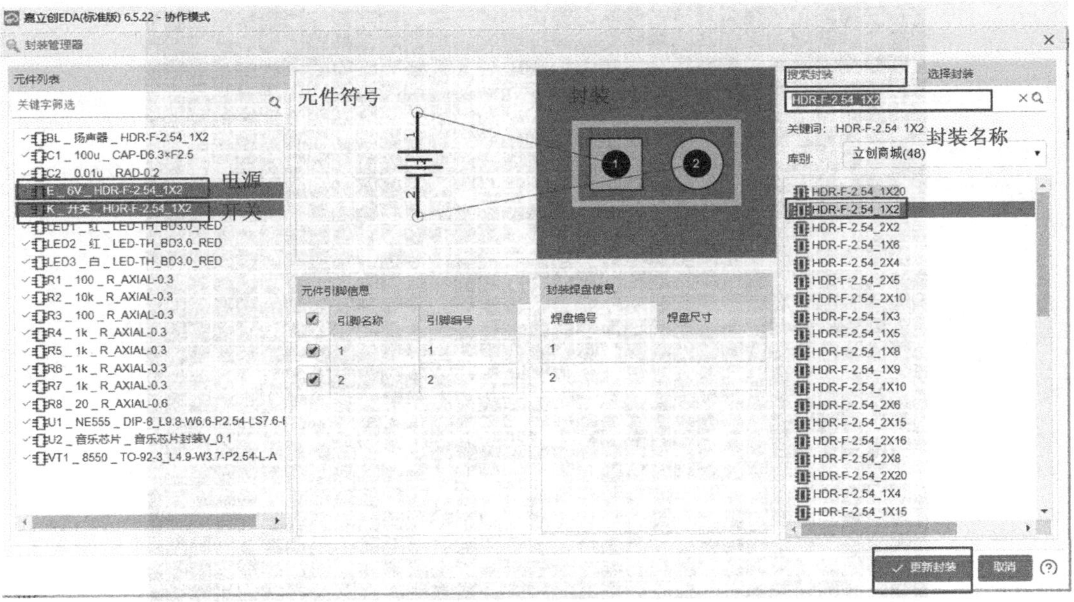

图 8-28　批量修改封装

(7) 步骤七：手工焊接 PCB 绘制(洞洞板焊接)

1) 边框设置。选择菜单栏中工具→边框设置，在边框设置窗口中起始坐标修改(0,0)，将宽设置为 2700 mil，高设置为 2200 mil(实验所用电路板尺寸为 2700 mil×2200 mil)。

2) 属性修改。在 PCB 页面右列画布属性中，单位设置为 mil，网格大小和栅格尺寸设置为 100 mil；其他属性中线宽改为 30 mil。

3) 系统设置。选择菜单栏中设置→系统设置，将“移动元件时光标吸附到元件原点或焊盘中心”选项勾选。若要将元件焊盘放在栅格交点处，需要光标放在元件焊盘上移动。

4) 布线规则修改。选择菜单栏中设计→设计规则。将线宽设置成 30 mil，间距设置成 20 mil。

5) 元件布局。将元件拖拽到电路板边框中，并将元件合理布局。布局的基本原则是：接插件放外侧(比如开关、电源、扬声器等)、核心芯片尽量放中心(比如 555 芯片)、所有元件横平竖直摆放、文本放置合理、模块化布局，如图 8-29 所示(所有元件焊盘必须在栅格交点处)。

6) PCB 走线。洞洞板手工焊接时是在电路板底层焊接，因此板层选择底层；然后选择 PCB 工具中的导线，完成所有元件之间的电气走线，如图 8-30 所示。因为是洞洞板手工焊接，要求线路是横平竖直。

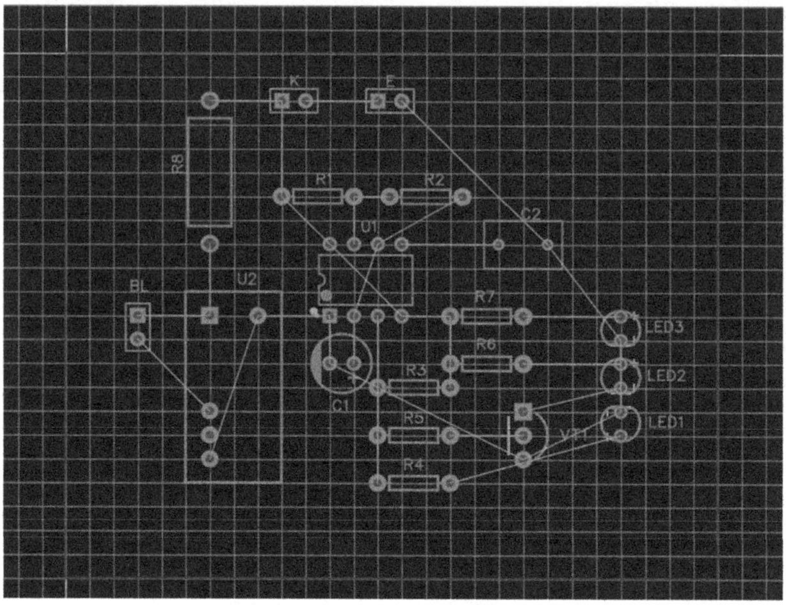

图 8-29 元件摆放示意图

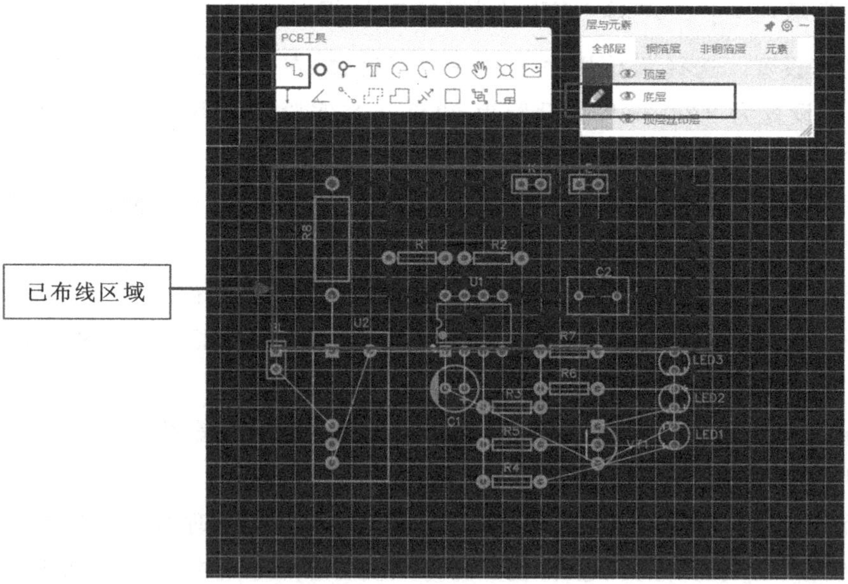

图 8-30 PCB 走线示意图

(8) 步骤八:PCB 绘制(雕刻机版)。

1) 属性修改。在 PCB 页面右列画布属性中,单位设置为 mm,网格大小设置为 2.54 mm,栅格尺寸设置为 0.127 mm;为方便后期焊接,建议将所有元件焊盘大小改为宽和高 1.880 mm，孔直径 0.899 mm，具体操作方式为：选中某元件的焊盘右键，选择查找相似对象，对其中宽、高、孔直径进行修改。

2）元件布局。元件布局的基本原则同步骤七。在元件布局中，可将一些元件进行对齐处理，会让布局更美观，其具体操作是选中需要对齐的元件，选择菜单栏中格式，然后在格式的下拉菜单中选择所需的对齐方式。

3）边框设置。选择菜单栏中放置→尺寸，测量目前元件布局的宽和高。选择菜单栏中工具→边框设置，在边框设置窗口中起始坐标修改为(0,0)，将宽和高设置为比测量值稍大的数值。边框设置好后将全部元件整体移动至边框中。

放置螺丝孔。一般在电路板四周都会有用于固定电路板的螺丝孔。先将其他属性中线宽改为 0.254 mm；在层与元素中选择边框层；选择 PCB 工具中的圆进行绘制，随意绘制一个圆后选中它，将右列圆属性中半径修改为 1.5 mm。通过复制粘贴，分别在边框四个角放置螺丝孔。如图 8-31 所示。

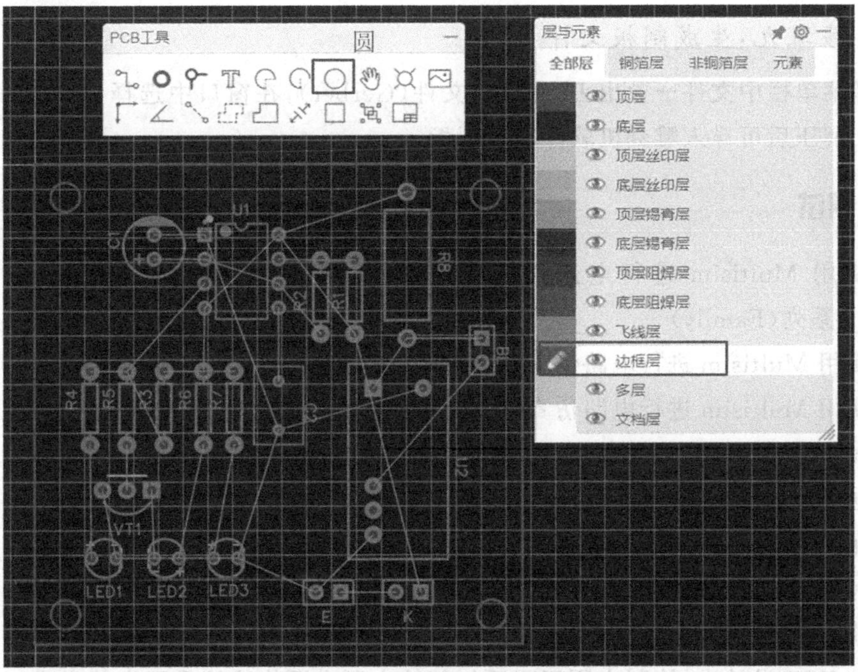

图 8-31　边框设置示意图

4）布线规则修改。选择菜单栏中设计→设计规则。将线宽设置成 0.762 mm，间距设置成 0.508 mm。

5）布线。将画布右列其他属性中的线宽改为 0.762 mm。然后选择菜单栏中布线→自动布线。布线层只勾选底层，如图 8-32 所示。然后点运行，系统会直接将 PCB 布线完成。若自动布线中有个别线路不太合理，可删除进行手动调整。布线完后在常用选项的设计管理器中查看 DRC 错误是否为 0。

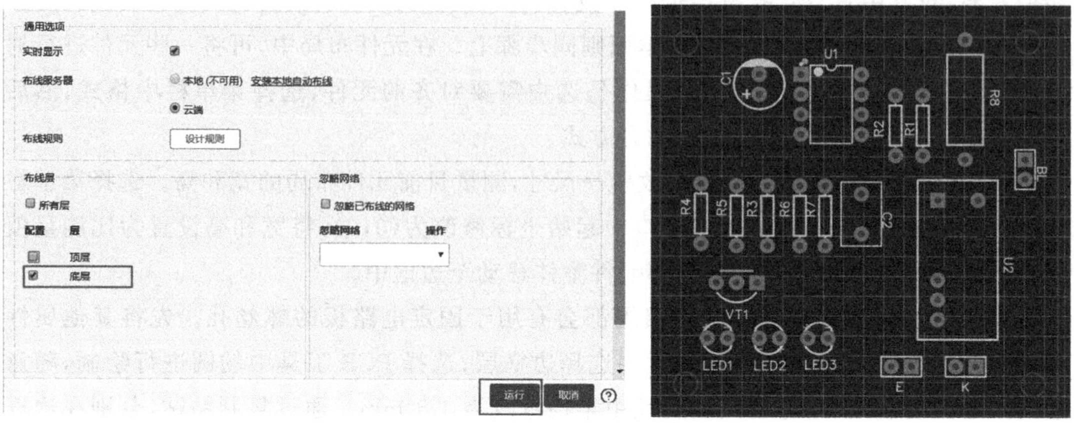

图 8-31 自动布线设置示意图

(9) 步骤九:生成制板文件

选择菜单栏中文件→导出 PCB 制板文件(Gerber),在窗口中选择生成 Gerber 保存至电脑。解压后可导入雕刻机软件进行制板。

章节测试

1. 使用 Multisim 进行电路仿真时,从元件库中调用电阻,应选择组(Group)________,系列(Family)________。

2. 使用 Multisim 进行电路仿真时,如何对元件进行翻转。

3. 使用 Multisim 进行电路仿真时,如何设置仿真的最大时间步长。

4. 在 PCB 设计中,一个工程包括所有文件之间的关联和设计的相关设置。因此绘制印刷电路板的第一步是新建________。

5. 在 PCB 设计中,在绘制元件符号时,放置引脚时有电气属性的一端需要________。

6. 封装指的是元件的________,所以画封装时尺寸必须和________保持一致;画封装边框时应选择________板层。

7. 在 PCB 设计中,绘制完原理图后如何检查所有网络连接是否全部完成?

8. 在 PCB 布线中,底层布线是________色。

9. 在 PCB 布线中,放置螺丝孔应选择________板层。

第 9 章　实用电子电路的制作

学习目标

1. 具备团队协作能力，培养撰写报告以及交流、表达、汇报能力；
2. 以小组为单位选择其中的一个项目完成，并完成项目总结报告；
3. 制作 PPT 并表述清楚团队完成情况。

安全规范

1. 制作电路板时，请严格遵守实验室操作规范；
2. 若不使用实验台电源，需及时断电；
3. 仪表设备以及公用工具使用完后，需放回原位。

9.1　迷你小音箱

9.1.1　工作原理

迷你小音箱的原理是将电信号转化为声音信号，主要由 TDA2822 功放集成电路与扬声器构成，原理图如图 9-1 所示。

这种迷你小音箱也称为双声道功放电路，如图 9-1 中音频信号经 L-IN 和 P-IN 输入，L 为左声道，R 为右声道。信号分别从 TDA2822 的 6、7 脚进入芯片内，经功率放大后从 1、3 脚输出，从而驱动扬声器发声。

图 9-1 中电位器 RP 用于调节音量；C_1、C_2 为输入耦合电容；R_1、R_2 为输入偏置电阻；C_3、C_4 为负反馈接地电容；C_5、C_6 为输出耦合电容；R_3、C_7 和 R_4、C_8 是高次谐波抑制电路，用于防止电路振荡；C_9 为低频滤波；C_{10} 为高频滤波；LED1 为电源指示灯；R_5 为限流电阻。

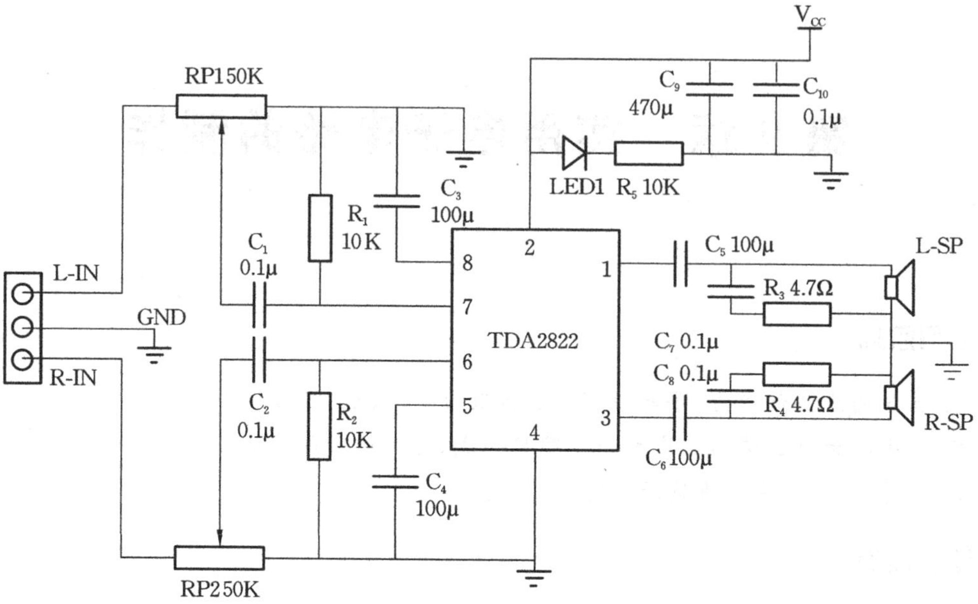

图 9-1 迷你小音箱原理图

9.1.2 TDA2822 芯片资料

TDA2822 是一块双通道单片功率放大集成电路，通常在袖珍式放音机、收录机和多媒体有源音箱中作音频放大器。该芯片具有电源电压范围宽（1.8 V ~ 15 V，TDA2822M）、静态电流小音质好、电路简单等特点。

TDA2822 有双列直插 8 脚封装（DIP-8）和贴片式封装（SOP-8）两种。芯片上方的中间有个小半圆形的缺口，缺口的左上角是芯片的 1 脚，右上角是芯片的 8 脚，引脚排列呈 U 字形，如图 9-2 所示。

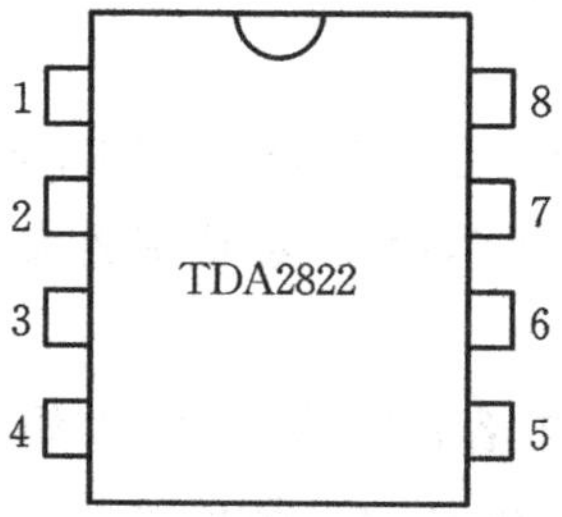

1 脚：输出端 1（OUT1）　　5 脚：反向输入端 2（IN2－）
2 脚：电源正（VCC）　　6 脚：正向输入端 2（IN2＋）
3 脚：输出端 2（OUT2）　　7 脚：正向输入端 1（IN1＋）
4 脚：地（GND）　　8 脚：反向输入端 1（IN1－）

图 9-2 TDA2822 芯片引脚

TDA2822具有双通道功率放大的作用,其芯片内部结构图如图9-3所示。

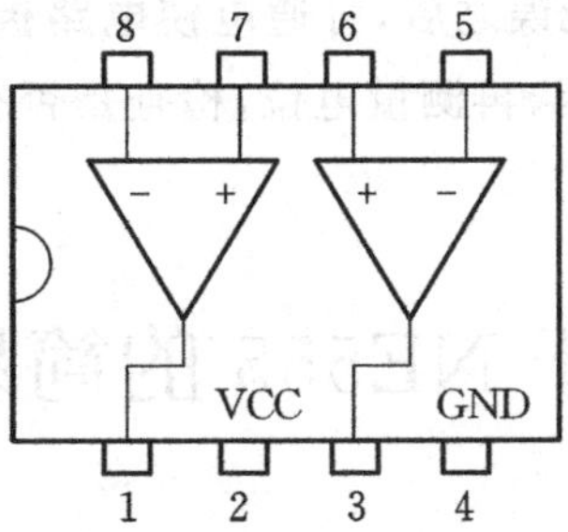

图9-3 TDA2822内部结构图

9.1.3 电路制作

(1) 整理元件清单

列出元件清单表,并对元件进行测量,具体如表9-1所示。

表9-1 元件清单及测量表

序号	位号	标称值	允许误差	测量值	实际误差	试用判断	备注
1	R1	10K	±1%	9.98K	−0.2%	√	

(2) 使用Multisim仿真

对电路进行仿真,观察放大后的波形是否有失真的现象。

(3) 绘制电路板

电路仿真无误之后,可以使用嘉立创EDA绘制电路板,布线时最多为双面板,尽量保证线路的整洁美观。地线尽可能粗一些,输入输出音频信号通路尽可能平行走线,保证信号之间互不干扰。

(4) 焊接

严格按照工艺要求对电路进行装配。装配时先选取定位元件,一般选取核心元件为定位点,然后将其他元件依照从低到高安装。焊接时要保证所有焊点光亮、圆润,具有良好的导电效果。

(5) 电路调试

1) 目测:电路板焊接完成之后,不要立即通电运行,对照着电路原理图一一核对元件位置有无放错，以及元件正负极性有无装反。

2）带电检测：目测电路板无误之后，可通电使电路板运行以观察现象，如发生故障，可先从电路原理来分析故障原因，再测量电位，检查是否有出现虚焊或是漏焊的地方。

9.2 基于 NE555 的简易电子琴

9.2.1 工作原理

电子琴的工作原理是利用半导体集成电路产生不同频率的电信号，从而驱动扬声器发出不同音阶的声音。本节介绍一款基于 555 的简易电子琴制作，原理图如图 9-4 所示。

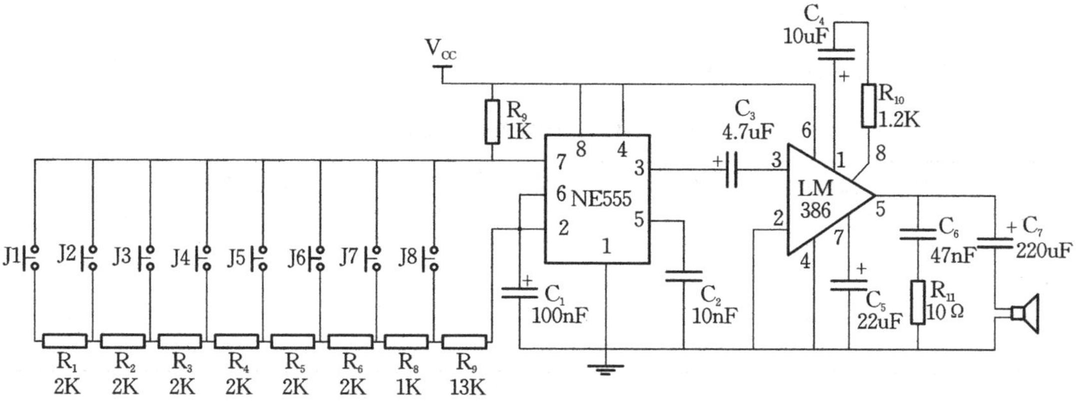

图 9-4 简易电子琴原理图

555 芯片及其构成的多谐振荡电路在本书第 6 章中已做详细讲解，其主要作用是将输入的直流信号转换为矩形波输出，通过改变定时电阻 R_2 的阻值可以改变矩形波的周期，也就是改变了输出信号的频率。555 振荡部分产生不同频率的电信号之后，通过 LM386 放大后驱动扬声器工作。在图 9-4 中，C_3 电容为输出耦合电容；C_4、R_{10} 改变增益；C_5 为旁路电容；C_6、R_{11} 是高次谐波抑制电路，用于防止电路振荡；C_7 电容为滤波电容。

已知八个基本音阶在 C 调时对应的频率，具体如表 9-2 所示。根据 555 多谐振荡电路的频率计算公式，可计算出对应的电阻。

表 9-2 C 调八个基本音阶频率

C 调	1	2	3	4	5	6	7	i
f/Hz	264	297	330	352	396	440	495	528

9.2.2　LM386 芯片资料

LM386 是一种低电压通用型音频集成功率放大器，广泛用于收音机、对讲机和信号发生器中。具有自身功耗低、更新内链增益可调整、电源电压范围大、外接元件少和总谐波失真小等特点。封装为双列直插 8 脚(DIP-8)，芯片引脚排列如图 9-5 所示。

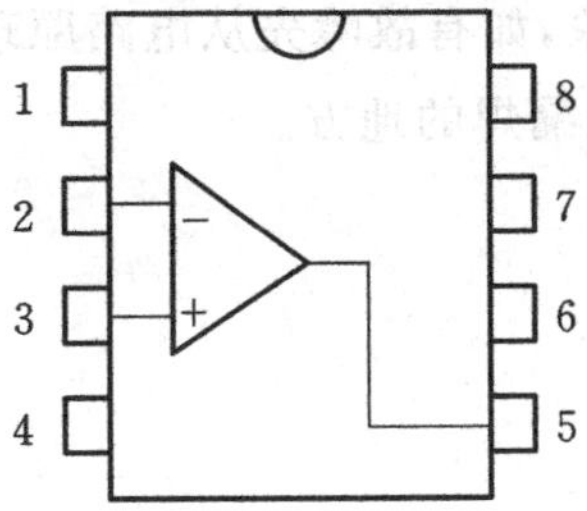

1 脚：增益设定端(GAIN)　　8 脚：增益设定端(GAIN)

2 脚：反向输入端(INPUT－)　　7 脚：旁路(SYPASS)

3 脚：同向输入端(IPUT＋)　　6 脚：电源端(VCC)

4 脚：地(GND)　　5 脚：输出端(OUT)

图 9-5　LM386 芯片引脚

9.2.3　电路制作

(1) 整理元件清单

列出元件清单表，并对元件进行测量，具体如表 9-3 所示。

表 9-3　元件清单及测量表

序号	位号	标称值	允许误差	测量值	实际误差	试用判断	备注
1	R_1	13K	±1%	13.1K	0.7%	√	

(2) 使用 Multisim 仿真

对电路进行仿真，观察现象及电压波形。

(3) 绘制电路板

电路仿真无误后，可以使用嘉立创 EDA 绘制电路板，布线时最多为双面板，尽量保证线路的整洁美观。放大电路部分外围元件尽量靠近 LM386，地线尽可能粗一些；输入输出音频信号通路尽可能平行走线。

(4) 焊接

严格按照工艺要求对电路进行装配。装配时先选取定位元件，一般选取核心元件为定位点，然后其他元件依照从低到高安装。焊接时要保证所有焊点光亮、圆润，具有良好的导电效果。

（5）电路调试

1）目测：电路板焊接完成之后，不要立即通电运行，对照着电路原理图一一核对元件位置有无放错，以及元件正负极性有无装反。

2）带电检测：目测电路板无误之后，运行电路板观察现象，如有故障先从电路原理来分析可能的故障原因，再测量电位，检查是否有出现虚焊或是漏焊的地方。

参考文献

[1] 国家能源局. 居民住宅小区电力配置规范:GB/T 36040—2018[S]. 北京:中国标准出版社,2018.
[2] 徐少华. 电工电子实习指导书[M]. 武汉:武汉理工大学出版社,2022.
[3] 徐少华. 电工电子实习 B[M]. 武汉:武汉理工大学出版社,2016.
[4] 李娜. 电工电子实习 A[M]. 武汉:武汉理工大学出版社,2016.